# 移动界面设计——视觉营造的风向标

优逸客科技有限公司　编著

机械工业出版社

本书主要针对当前移动互联网行业对于界面设计所提出的新要求提供学习和解决方案。从移动互联网行业出发，体现了当前以移动互联为主的行业特点以及用户在整个产品设计与研发过程中所起到的重要作用，在基于交互以及产品可用性原则的基础上，为各位读者着重介绍了在移动互联的影响下进行界面视觉设计的具体营造和表现方式。

**图书在版编目（CIP）数据**

移动界面设计：视觉营造的风向标 / 优逸客科技有限公司编著. —北京：机械工业出版社，2017.6

ISBN 978-7-111-57875-8

Ⅰ. ①移… Ⅱ. ①优… Ⅲ. ①人机界面－程序设计 Ⅳ. ①TP311.1

中国版本图书馆 CIP 数据核字（2017）第 207138 号

机械工业出版社（北京市百万庄大街 22 号 邮政编码 100037）
策划编辑：丁 诚 责任编辑：丁 诚
责任校对：张艳霞 责任印制：李 飞

北京铭成印刷有限公司印刷

2017 年 9 月 • 第 1 版 • 第 1 次印刷
184mm×260mm • 13.75 印张 • 324 千字
0001－3500 册
标准书号：ISBN 978-7-111-57875-8
定价：69.00 元

# 序：致我们的时代

当前，我们正处于最伟大的时代，也就是移动互联网时代。为什么这么说呢？原因很简单，因为在移动互联的世界中，用户受到了空前的尊重，“用户至上”的原则被一次又一次地推上了高潮，在这个时代的生活被逐步地改变与优化，人们的衣、食、住、行等各个方面和互联网的联系也愈加紧密。人们开始发现，互联网已经逐渐成为人们生活不可或缺的组成部分，而这种以移动设备为主导的移动互联网时代将长时间持续下去，向大众生活的各个细节不断渗入。

回顾人类发展的历史，人类文明始终在不断进步，无论是方兴未艾的新科技革命，还是广泛普及的互联网和日益深化的经济全球化，以及区域经济的一体化，都在迅速加快人类文明的前进步伐，同时也在深刻改变着人类的生产方式、生活方式、思维模式。

互联网是人类智慧的伟大结晶，当今世界经济、政治、文化和社会的发展都离不开互联网，人们的工作和生活方式也随着互联网的发展发生着深刻的变化。“互联网+”的出现并不是对传统行业的颠覆，而是将互联网思维与传统行业的发展相结合，以互联网为媒介，让传统行业在其中的联系更为紧密。找到产业全面转型升级的切入点，促使传统产业焕发出新的活力与生命力，走出一条互联网创新驱动高效发展的新道路。

**我们的团队**

本书的作者团队——优逸客科技有限公司，成立于 2013 年，总部位于山西太原，由国内顶尖的互联网技术专家共同创立。优逸客是国内互联网前端开发实训行业的“拓荒者”，是企业级产品设计“方案提供商”，是中国 UI 职业教育的“知名品牌”。公司的互联网技术实训体系是历时一年的深度调研并结合企业对人才实际需求研发而成，在此基础上配以完善的职业规划体系，规范的人才培养流程和标准，从而培养出互联网高端技术人才。

经过 3 年发展，公司已先后在北京、山西、陕西等区域建立了互联网人才实训基地，已为我国培养出 5000 余名互联网高端技术人才。在未来，公司将继续秉承“专注、极致、口碑”的文化理念，向国内顶尖的互联网人才培训公司的方向发展。

**关于本书**

本书主要针对当前移动互联网行业对于界面设计所提出的新要求提出解决方案，从行业出发，体现以移动互联为主的行业特点以及用户在整个产品设计与研发过程中所起到的重要作用。

本书主要是以移动界面来进行产品视觉的展开和呈现，并且基于交互以及可用性原则的基础上，为各位读者着重介绍在移动互联的影响下进行界面视觉设计的一些具体营造和表现方式的提炼与讲解。

本书从信息提炼、框架布局、风格确定、配色理论和文字排版等方面逐一诠释了页面设计的方法，以及当前视觉设计几种主流的设计趋势和设计风格，也包含了在视觉设计工作中总结的工作经验，能够为初入设计行业的从业者以及设计爱好者在进行视觉设计工作时提供较大的帮助，并且能够使其从本书中获得更为全面的视觉表现方法和页面设计经验。

对于设计师而言，其实有相当一大部分从业者会进入各种“互联网+”的行业中工作。新时代的设计师不但要夯实自身的专业技能和专业素养，同时也要明白一个非常重要的道理，那就是在未来的发展中，设计师将不止做一件事情，更多的要了解各个传统行业的发展模式才能够和所服务的用户和行业站在同一高度交流。在沟通更加顺利的同时，这也是设计“同理心”非常重要的体现。

优逸客科技有限公司

# 前　言

设计是帮助人类解决问题的重要工具和方法。

那么，对于设计来说，只有适合的才是最好的。其实设计在任何领域都是普遍存在的一种处理方式，只要是适用于优化和解决问题的过程都会统称为“设计”。

那么，设计师这样一个职业也就随之诞生了，很多营销和设计方案提供商的出现，其实就是在满足用户以及企业的各种需求。

对于设计师来说，其解决问题的最终目的是恒久不变的，只是行业与时代不断改变设计的表现形式和技术，从平面设计到现在主流的移动互联时代均是如此，设计师为用户解决问题的方法往往会随着具体的行业而具象化，但其本质是不变的。所以，只要有需要，设计师就永远存在。

设计是全过程服务于用户的。每一个利益相关者都是设计师需要考虑的元素，这些服务中的“触点”贯穿了整个服务的生态链条，而这个设计过程也成就了千万名为人民服务的“最可爱的人”。

设计师的灵魂到底是什么？归根到底还是设计思维的积累。其实对于设计来说，其实施的过程是由内而外进行发散的，最终落地的还是对于人性的研究，对于欲望和需求的合理转化与满足。以互联网界面设计为例，从“人性的设计”到“视觉的设计”，其理解是不一样的。一个从抽象的需求到具象产品落地的全过程，产品中每一个控件的位置，每一笔色彩的描绘，无疑都是对用户需求不断满足的过程。

设计并不是无中生有的，它来源于非显性的思维层面，最初本是无形和抽象的，人脑提取出事物最真实的、最重要的、最具代表的内容特征与功能需求，再通过显性的方式来进行具象的表现，就如用最初的用户调研一样，需要明确用户的需求和想法，才可以主导后期的一切设计行为，并且保持其方向的正确性。所以，敏锐地发现需求和问题是极其重要的。

好的问题经过思考之后往往会得出优质的结论和答案，所以设计师想要快速准确地得出解决问题的方法，学会去发现一个好问题也是至关重要的。设计的过程更多还是内心的碰撞，而不是单纯靠各种所谓的技法去修饰与解决，视觉只是最表象的部分。

这就是设计师“用心看”与“用眼看”的差距，也就体现出了“用心做”和“用手做”的区别。所以“心眼合一”才是设计者产出好作品的根本基石，也是划分设计师层次的重要分水岭。

在“走心”的基础之上方可更好地运用抽象思维和设计思维去分析、去优化，从而更深刻地理解设计，自然驾驭设计也就不是空话了。设计的过程其实就是在不断地思考与心灵的碰撞当中将抽象不断具象的过程。“心”对于设计者来讲，往往才是其真正的“魂”。而每当一提到“心”，重要的还是设计者所要具备的“同理心”，其实就是要充分地站在用户的角度去思考问题，看待事物，因为对于同样一个事物，不同的人群看待其的眼光和角度会有很大区别。所以，对于设计首先要解决的是设计与被设计人群和事物的同化，甚至还要考虑到更多的边缘人群，这样才是设计工作正确的开展方式。

对于用户体验来说，让用户在使用产品过程中能够切实感受到产品能解决他们的实际问题，或产品能让问题更容易被解决，并因此留下深刻的印象和极好的主观感受，那么这就是一款“好产品”。

此时，这已不仅仅是一款单纯的产品，而是贯穿整个用户体验的“生态链条”。让用户由产品、服务所引出的物质与情感中所包含的亲眼所见、所得、所接触、所交流、所感受都能够达到同步的综合体验。

对于视觉设计，更需要根据用户的特点和行业的特征去完成视觉设计。对于视觉设计师来说，满足与塑造用户界面更多的灵感其实来源于平时不断的观察与积累。

当然，视觉设计的灵感也出自于日常生活中对细节的敏锐捕捉和对美感塑造的不断深化与提炼，这也是编写本书的主要目的之一。

所以，设计仍在路上，这一路的收获与接触正是用户与产品最终的诉求和互补。每一个设计师都渴望产品不单单是可用，更重要的是易用，甚至是在各方面都能够打动用户的好产品。

设计师根据需求的变化和深入，不断地打磨出最好、最适用的产品，为用户切切实实解决问题，做一个真正为人民服务的人，这便是我们从事设计的初衷，也希望能够从本书当中将团队的态度和理念传递给各位，为移动互联，为设计贡献自己的一份努力。

**为“最可爱的人”致敬**

本书的编写过程是基于团队的不懈努力以及长期从业经验的积累而完成的，希望本书能够帮助各位读者、设计从业者和设计爱好者。在这里要感谢所有帮助编写本书的人们，没有他们的辛勤付出和出于对设计最本质的热爱，就不能完成这样一件意义非凡的事情。

首先要感谢优逸客公司创始人优逸客科技有限公司张宏帅总经理以及创始人兼实训总监严武军（Kevin）老师，张老师和严老师高瞻远瞩、严谨细心，在本书的编写过程中提出了很多宝贵的意见和建议，也对本书的宏观内容框架给予了非常有力的指导和鞭策，并为整个编著团队提供了非常宝贵与充足的支持以及极大的信任。

其次要感谢优逸客公司实训部设计总监刘钊老师的具体指导和规划，他在本书的编写过程中负责书籍内容的筛选和把控，为书籍的编著提供了大量关于设计技法、设计师职业发展经验以及关于用户体验、视觉界面等资料、参考文档和项目作品，并亲自参与本书的编写。

还要感谢优逸客 UI 设计以及用户体验设计的学员们为本书提供了宝贵的项目资料以及 GUI 界面作品，已就业的学员也为本书的编写提供了来自于行业发展的宝贵意见。

最后再介绍一下优逸客实训与实施发展部 UI 设计组中参与编写的小伙伴们。他们分别是：优逸客软件技法实施组组长岳飞飞，优逸客星级布道师李可，优逸客星级布道师张嵘，优逸客星级布道师杨飞以及星级布道师张琳云（排名不分先后）。其中，岳飞飞老师主要负责互联网视觉界面表现软件介绍与学习部分的内容编写；李可老师主要负责平面视觉表现技法部分的内容编写；张嵘老师主要负责安卓系统的整理以及原生安卓系统设计语言的介绍与实施等内容的编写；杨飞老师主要负责游戏 UI 相关内容的编写；张琳云老师主要负责本书籍封面视觉效果的设计和表现。

鉴于作者水平有限，纰漏之处在所难免，恳请广大读者批评指正。

编者

# 目录

# 第 1 章

# 移动互联时代到来

# 1.1 移动互联时代的 UI 设计

## 1.1.1 一个伟大的时代——移动互联

科学技术的发展不断增强和提高着人类对世界的认识和改造的能力。科学技术以其独有的魅力推动着人们前进，它对社会各个方面的发展已经产生了强烈而深刻的影响。

20 世纪 40 年代中期，也就是 1946 年，美国宾夕法尼亚大学电工系为美国陆军军械部阿伯丁弹道研究实验室研制了一台用于炮弹弹道轨迹计算的“电子数值积分计算机”。这是全球第一台计算机，它的问世标志着计算机时代从此拉开序幕。

随着第一代计算机的诞生，计算机科学已成为一门发展快、渗透性强、影响深远的学科，计算机产业已在世界范围内发展成为具有战略意义的产业。随着计算机产业的蓬勃发展，互联网这一新兴产业也迅速发展起来，并且不断深入人们的生活。

当前，全球互联网用户数已超 30 亿，互联网全球渗透率达到 42%。CNNIC 统计，截至 2016 年 6 月，我国网民规模达到 7.1 亿，其中手机网民规模达 6.56 亿，手机在上网设备中已占据主导地位。移动设备上网的便捷性，降低了互联网的使用门槛，移动互联网应用服务不断丰富，与用户的工作、生活、消费、娱乐需求紧密贴合，推动了 PC 网民持续快速向移动端转移。

互联网时代，只有将互联网与实体经济深度融合才能够实现更大范围的发展与共享。随着“互联网+”国家战略的进一步推进，当电商、体育、金融、医疗、教育等各行各业都与互联网紧密结合，传统企业在进行产业结构调整。随着各行各业纷纷互联网化，互联网与实体经济找到了优势互补的契合点，并引发全行业的广泛创新和变革。

近年来随着智能手机和移动互联网的普及，大数据和云计算的兴起和应用，今天这个时代是互联网的大时代，同时也是设计的大时代。回首过去的几年，随着手机市场的巨变，我们可以感同身受的发现，iOS 系统、安卓系统以及 Windows Phone 已经快速抢占和瓜分了诺基亚以及塞班系统的市场份额，开启了由智能手机以及 iOS，安卓以及 Windows Phone 为主导的移动互联时代。

人们可以看到从苹果、谷歌到微软再到国内的互联网巨头 BAT（百度、阿里巴巴、腾讯），这近几年的发展和变化，几乎都是在围绕移动互联网而发生的。它所代表的一股以移动互联和智能设备为背景的新技术和全新的商业模式以及创新创业浪潮，为即将到来的新时代开辟了一个无可估量的蓝海市场，在其影响下的技术、产品、创业、人才均是如此。

## 1.1.2 互联网思维

人类的社会生活都是有规律的，想要对其有更透彻的理解，就必须分析其中的规律。互联网的到来是这个时代的必然，互联网的蓬勃发展更是时代的宿命。虽然有着繁杂多样的外在表现形式，但是左右其发展的，是运行在其中的种种规律，下来就为大家介绍一些主要的互联网思维以及规律。

#### 1. 摩尔定律

摩尔定律：每 18 个月，计算机的性能会翻一番；或者说相同性能的计算机等 IT 产品，每 18 个月价钱会降一半。

当然在当今社会往往不到 18 个月就会出现新的产品，性能会翻一番，价格就会降低。所以互联网里所有的东西必须要快，互联网思维也好，互联网企业也好，要快速地响应，否则就面临淘汰。

#### 2. 安迪比尔定律

安迪比尔定律是对 IT 产业中软件和硬件升级换代关系的一个概括。原话是“Andy gives, Bill takes away.”（安迪提供什么，比尔拿走什么。）安迪指英特尔前 CEO 安迪·格鲁夫，比尔指微软前 CEO 比尔盖茨，这句话的意思是：硬件提高的性能，很快就被软件消耗掉了。

比如计算机的 CPU 即使从酷睿 i5 升级到酷睿 i7，但是开机速度也没有大幅提升。处理器的速度已经翻一番，计算机内存和硬盘的容量以更快的速度在增长。但是，微软的 Windows 操作系统等应用软件系统占用资源越来越多，也越做越大。

#### 3. 反摩尔定律

反摩尔定律是谷歌前 CEO 埃里克•施密特提出的：如果你反过来看摩尔定律，一个互联网公司如果今天和 18 个月前卖掉同样多同样的产品，它的营业额就要降一半。

所以说互联网公司每年都要发布新产品，如果没有发布新的产品，依旧卖原来的产品，营业额就要降一半。对于所有的互联网公司来讲，这都是非常可怕的，因为花费了同样的劳动，却只得到以前一半的收入。反摩尔定律逼着所有的互联网公司必须赶上摩尔定律的速度。

#### 4. 基因决定定律

在某一领域特别成功的大公司一定已经被优化得非常适应这个市场，它的企业文化、做事方式、商业模式、市场定位等已经适应传统市场。这会使其获得成功的内在因素渐渐地、深深地植入公司，可以说成了这家公司的基因。

### 1.1.3 移动互联时代的新要求

本书中所介绍的 UI 设计就诞生在这样的背景下。本书将针对于 UI 设计这几年的发展为移动互联从业者，尤其是视觉设计师们提供一个明确的技能提升以及职业发展的指导。同时，也很荣幸将作者团队以及个人的工作经验以技能演练和项目实施的方式介绍给各位读者朋友。

以行业为背景，以项目为驱动是编写本书的源泉和最初的动力，也希望能和各位从业者一起为行业做一些有意义的事情。

对于 UI 设计来说，很多从业者最初是通过视觉设计师进入到这个行业的，前身多数是来自于平面设计、网页设计或者产品设计等职位。移动互联的出现让大家走到了一起，视觉设计在整个 UI 设计行业架构中扮演着重要的角色，也是产品用户体验的一部分。

那么，随着移动互联的发展我们可以发现，UI 设计已经从之前的诞生、摸索。火热甚至泡沫，开始逐步趋于理性。随着移动互联行业越来越清晰化，互联网企业对于行业的理解也越来越清晰，同时对于互联网从业者的要求也变得更高了。对于视觉设计师来讲，其职业发展的瓶颈已经日渐明显，行业需要更多复合型人才。所以再没有一个设计师是只做一件事情，现在需要设计师在做好视觉设计的前提下，具备产品所需要的设计思维，能够让所参与的项目和产品切实的提升用户使用后的主观感受及用户体验。其实就是要求设计师能够和服务的用户站在同一个平台和角度进行对话，需要设计从业者可以放宽眼界，对生活保持创意的洞察、思考与不断的实践。

## 1.1.4 移动互联时代的特点

互联网媒介有别于传统媒介最大的区别就在于其强大的交互性、个性化和传播快的特点。

1. 关于“个性化”

可以说个性化是移动互联带给用户最大的改变之一，越来越多的产品开始针对用户的需求和使用记录推荐匹配度极高的信息来增加用户体验和产品的转化率，这也可以让用户感到“被尊重”而获得满足感。

例如 Apple Music 的体验（图 1-1），Apple Music 会在用户初次使用时将歌曲流派、地点以及歌手做为调研的选项供用户选择。用户只需点击红色圆形区域即可实现选择，那么用户在进入应用时，就可以看到根据用户的选择而专门推送的音乐及资讯。

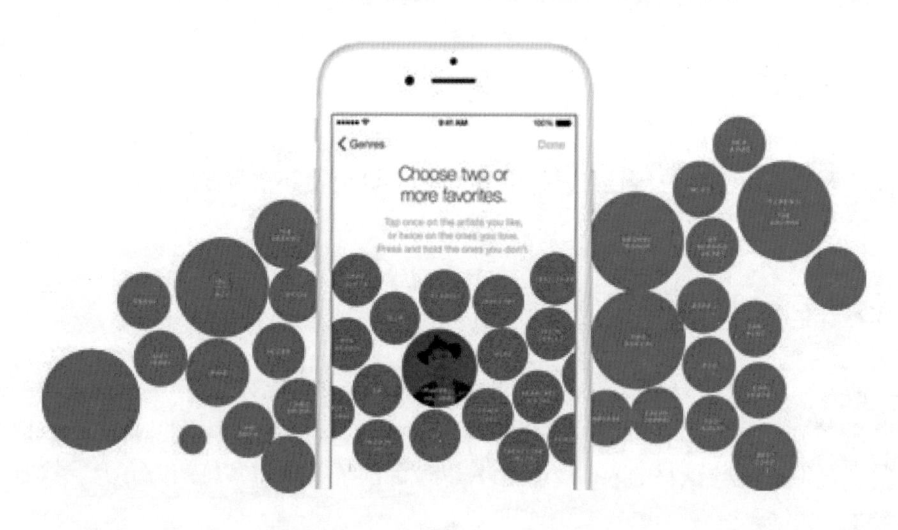


图 1-1

这种思维方式已成为现在手机应用一个典型的趋势，包括购物、社交、招聘等应用均具备这样的特点。图 1-2 中所展示的便是作者团队在设计有关音乐和运动教程推荐 APP 时，运用互联网个性化思维设计的用户需求调研页面的视觉效果。

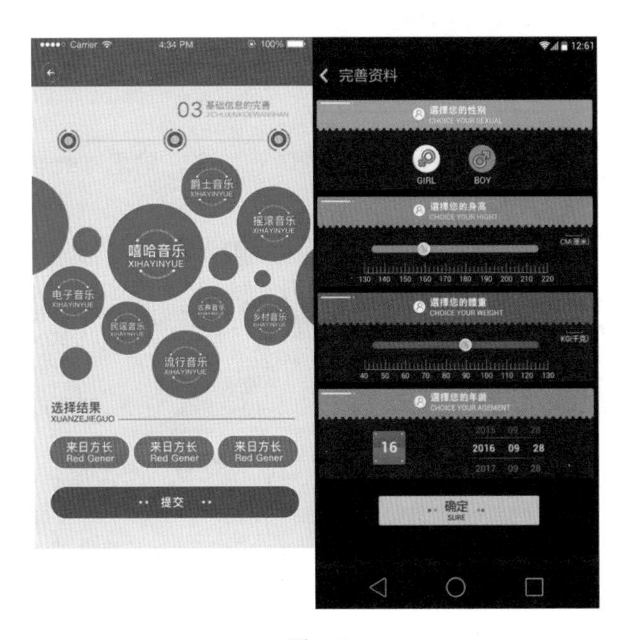


图 1-2

## 2. 关于“传播快”

利用互联网传播快的特点进行产品的推广以增加产品的曝光度及下载量，这种模式已经成为典型的产品运营以及推广方式。直播的加入，网络热词的快速传播以及 H5 广告的流行均是基于这个特点而展开。

当用户使用产品过程中遇到注册成功、交易成功、赢取奖励等关键操作时，通常都会收到系统发来的分享至朋友圈或者各种社交平台的弹窗提示，在增加趣味性的同时，用自身的社交资源获取产品更大的曝光度，也就是所谓的“内容运营”方式（图 1-3）。

图 1-3

## 1.1.5 新时代的 UI 设计

在移动互联时代，UI 设计也存在很多的理解和定义，这里结合官方定义和作者团队的经验积累来介绍 UI 的组成。

来自于官方的基本定义，UI 即 User Interface 用户界面的简称。UI 设计泛指对软件以及产品的人机交互体验、操作逻辑、界面美观的整体设计，在这里所指的产品就是移动端 APP。而狭义上 UI 就是指用户界面，也就是界面设计。所以，UI 设计可以分为以下几个部分。

### 1. 美观的视觉界面设计

如果把产品看成一个人的话，视觉更像是外表。视觉设计对于设计师来说，主要是对产品的用户界面进行的研究，实际上视觉设计师已经不再是单纯只做视觉表现的所谓“美工”，而是要在了解产品的功能、交互流程、用户人群特点以及行业特征等基础上进行设计。

视觉设计是整个产品设计过程中最终的视觉表现，其范围主要包括基于产品的低保真效果图和高保真视觉效果图以及界面跳转和产品交互流程所产生的动效。当然，还包括与工程师进行项目对接的流程，包括标注、切图、适配和命名等工作。图 1-4 中展示的便是按照产品所服务的用户人群特点、行业特征以及企业形象而设计的手机应用界面的视觉效果。

图 1-4

### 2. 流畅易用便捷的交互设计

交互设计，研究人与界面的互动关系，其实也就是用户和产品进行交流与互动的过程。当手指点击或者手势已成为现在人们与产品互动的传统方式之后，声音、动作、指纹、人脸和虹膜识别也逐步加入到人机交互方式的行列之中。其根本目的是为了减少用户的操作时间成本以及学习成本，并提升产品的易用性和用户的体验感（图 1-5）。

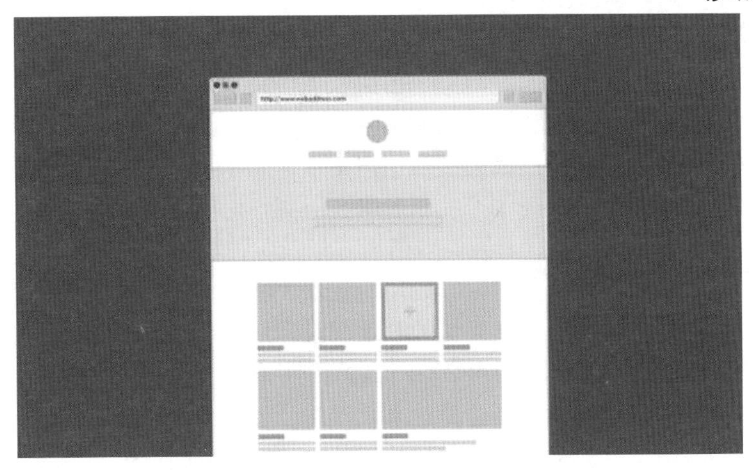


图 1-5

所以，交互设计其实就是设计用户行为的工作。让用户能够很好地利用移动互联产品解决问题，并且在满足用户需求的前提下，实现公司和产品盈利的商业目的。那么，官方对于交互设计的定义也是围绕着用户体验这样的核心而展开的。

交互设计，定义了交互系统的结构和行为。交互设计师努力在用户和用户使用的产品或者服务间创建有意义的关联，不管是 PC、移动设备、家用电器或者其他。—— 国际交互设计协会（Ixdc）

交互设计，又称互动设计（Interaction Design），是定义、设计人造系统行为的设计领域。人造物，即人工制成物品，例如，软件、移动设备、人造环境、服务、可佩带装置以及系统的组织结构。交互设计在于定义人造物的行为方式（interaction，即人工制品在特定场景下的反应方式）相关的界面。—— 维基百科

那么，交互设计的工作内容主要是研究用户与产品之间的使用关系，由用户定位、产品市场定位、功能罗列的思维导图建立以及用户的功能虚拟试用流程的分析，产品低保真框架图的建立等工作内容组成（图 1-6）。

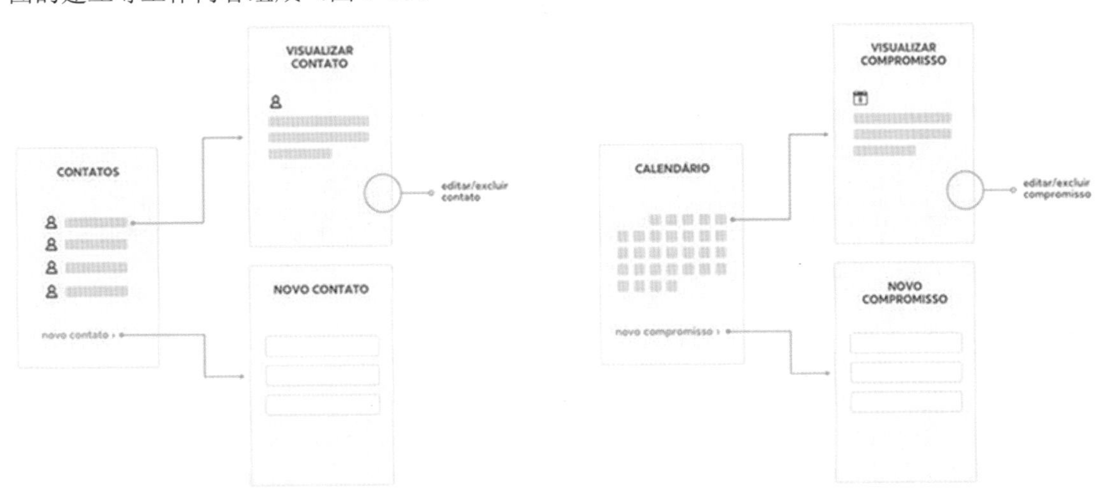


图 1-6

### 3. 产品的用户体验设计

用户体验设计，也称作 UE 或者 UX，是 User Experience 的缩写。用户体验是指用户在使用一款产品时的主观感受。例如微信，微信不但是一款社交软件，更以此为基础承担起在线游戏平台，移动支付等功能，已成为很多用户生活、娱乐、工作必备的一款手机应用，具有很高的用户黏性。简而言之，一个产品用起来爽不爽，这就是用户体验。一个好的用户体验，其涉及到用研、交互、视觉、开发、业务模式以及各种利益相关者等多个环节。

也就是说，在用户体验设计之中，已经不再仅仅关注产品的视觉效果，而是有意识的创造与用户产生关系的每个互动点。从显性的观察和设计包括产品的视觉、触觉、听觉等方面延伸和上升至情感与共鸣，最终产生用户对产品的黏性。

简单地说，提升用户体验已经不再是只靠单一的产品本身，而是要把视野放在用户、产品、服务以及情感界面节点的亲眼所见、接触所获、交流所感而产生的综合体验之上，也就是服务设计中的"服务生态链条"。

只有用户体验才是产品真正的灵魂。其实从某种程度来讲，用户体验也可以概括为品牌思维，用一致的品牌化思维创造和规划所有节点，即用户体验供应链。

苹果手机并不是单纯依靠手机硬件来赢得用户，iPhone 如果单纯比拼硬件的话，并没有太多出彩的地方。但还是有很多用户愿意为其买单，这是由于围绕苹果手机，苹果提供了一连串的线上及线下服务来提升用户的使用体验，包括 iOS 系统，icloud，APP Store 等（图 1-7）。

图 1-7

所以，很多用户选择 iPhone 的真实原因是对以苹果手机为承载的一整套服务体系的认可，这其实就是品牌的效应和思维。

### 4. 服务设计

当前，从业者对于行业和产品的认知达到了一个新的高度，那么，服务设计就是其中非常重要的组成部分。对于产品来讲，服务设计是有效地计划和组织一项服务中所涉及的用户、基础设施、线上线下等相关组成因素的关系，从而提高用户体验和服务质量的设计活动。其重点在于研究用户体验服务的一些节点和细节，并将其组成一整套服务的体系。

刚才所提到服务中所包含的用户、基础设施、线上线下等相关的组成部分，可以把它们称作利益相关者，也叫作“触点”，那么，对于触点的合理处理将直接决定服务的用户体验。

所以，要求设计师能够将设计的眼光放到一个更为宏观的位置，比如说，在研究电子商城线上交易这一套服务时，不光要考虑电子商城本身的易用、信息推送、产品划分，还应该更多考虑客户和商家的关系、产品的质量、物流配送的效率、信用中介银行的安全性等相关内容，因为这些组成内容都会影响到整个服务流程给予用户的体验。

最后可以总结一下，服务决定用户情绪的需求，而用户需求又可以转化为产品的功能，产品的功能可以通过交互方式进行体现，那么交互方式最终以丰富的视觉效果呈现。

## 1.2 HTML5

### 1.2.1 HTML5 概况

2014 年 10 月，随着 HTML5 的最终定稿，掀起了 Web 时代的新浪潮。在移动界面的世界中，除了原生应用（Native App）之外，移动端网页伴随着 HTML5 的出现成为了移动界面中重要的组成部分之一。这是由于 HTML5 的便捷开发以及耗时较短的 bug 修复等优势成为网页开发的首选，而原生 APP，以 iOS 平台为例，将产品投放到应用中心时需要 7～8 个工作日进行人工审核，所以将内容全部转换成 APP，不论从开发成本还是更新时间都是一件不现实的事情。

对于 HTML5 来说，其最大的优势之一就是对于移动端的延展和改变。各大浏览器也都纷纷支持 HTML5，它使网页内容更加丰富，不仅可以显示三维图形，还可以在不使用 Flash 插件的基础上实现音频、视频等视觉效果。它是在 HTML4 的基础之上，加进了一些新的标记、属性、功能的超文本标记语言，比如说新的 HTML 文档结构、新的 CSS 标准、API 等。

HTML5 不用下载安装，完全靠浏览器就可以运行。它可以让开发人员在不使用 Flash 插件或第三方媒体插件的情况下，就可以在网页中播放视频或音频等媒体，大大降低了开发应用的成本与时间。它还提供了很多的应用程序结构（API），例如基于浏览器支持的图形 API、地理信息 API、本地存储 API 和视频播放相关的 API 等，这些 API 使开发一个功能型的应用更加容易了。

现今，不管是在手机上还是在平板电脑上，随处可以见到 HTML5 网站、HTML5 应用软件以及 HTML5 游戏，HTML5 又作为移动端开发的主流语言，这都说明 HTML5 的前途是无可限量的。

### 1.2.2 响应式设计

HTML5 是一种被 PC、Mac、iPhone、iPad、Android 手机等多种终端浏览器支持的跨平台语言（图 1-8）。

图 1-8

在 HTML5 诞生之后，网页设计中最大的改变就是响应式设计的出现。PC 端网页产品会随着浏览器宽度的变化而进行网页内部元素的重组，以适应各种终端不同的屏幕变化（图 1-9）。

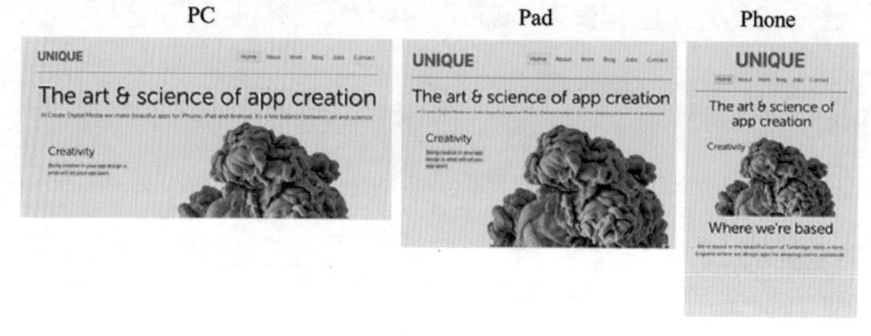


图 1-9

所以，网页页面的设计与开发应该根据系统、屏幕尺寸以及屏幕横向竖向的切换与变化等进行相应的响应和调整。无论用户正在使用笔记本电脑还是平板电脑，页面都可以自动切换分辨率、图片尺寸及相关脚本功能等以适应不同设备。图 1-10 中所展示的便是网页设计在 PC 端以及移动端中不同的显示效果。其实，响应式设计也就是指一个网站能够兼容多个终端和设备，而并不是为每个终端做一个特定的版本。这在减少了开发成本的同时也能够提供好的使用体验，真正实现跨平台展现，用户只需打开浏览器便可进行浏览，而不需要像原生应用一样下载和安装。

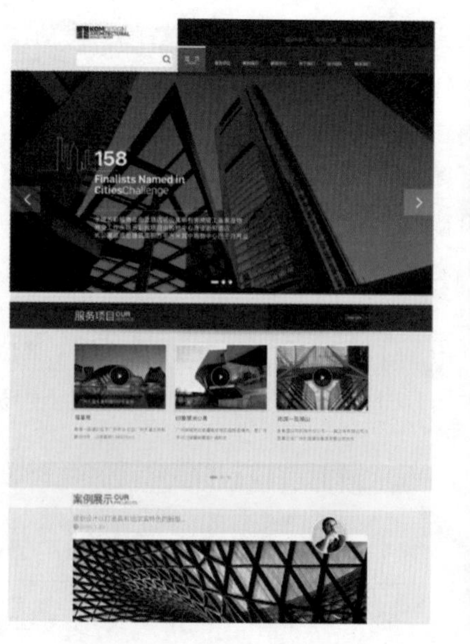

图 1-10

从设计角度来讲，原先只针对 PC 端进行网页设计即可，而现在，需要通过主流设备的类型及尺寸来确定布局以便于设计多套样式，再分别投射到相应的设备来显示。那么响应式网站如何识别浏览器的变化而进行相应的元素重组呢？在这里就会涉及到一个非常重要的概念，即断点（Break Point）的使用。

通俗来讲，需要在哪些尺寸下改变网页布局，也就是所称作的断点。例如针对 PC、平板电脑、手机的分辨率来设置断点，比如早期 1024px 对应桌面、768px 对应 Pad，480px 对应手机等。但是有时候，这些屏幕尺寸会不断的变化，类似于 2K 屏幕应用到手机后，例如 Galaxy S 6 以及 Galaxy S 7，大大提升了手机的屏幕分辨率。所以，响应不应该只针对某些设备，需要针对的是一个浏览器宽度区间值（图 1-11）。

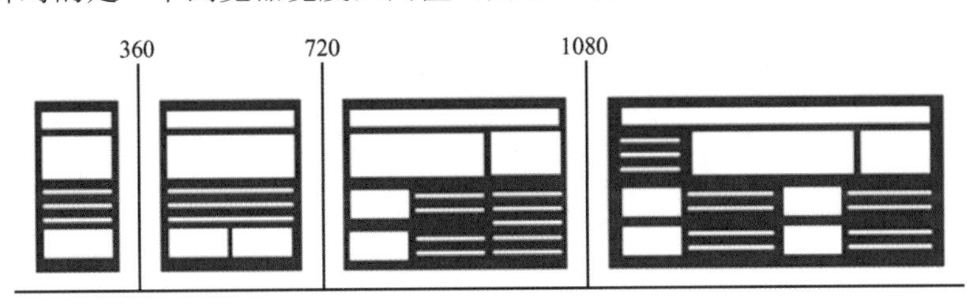


图 1-11

那么，这些断点是如何设置的呢？

断点的设置是根据内容的需要而进行的，当网页显示的内容和元素组成在达到一个临界点时，也就是视觉效果不符合人们的审美或者影响到了网页元素的组成和结构，这就是需要的断点。问题是可能无法在视觉设计的阶段就覆盖所有的尺寸，这样就需要结合现有的常规终端设备来确立断点并完成设计。

综上所述，响应式设计的优点在于，可以相对固定断点，方便设计师和工程师提炼设计模式。但其缺点就在于，设备的快速更新以及屏幕的显示等级的不断提升，总是无法覆盖或者是不能实时适配新的设备和屏幕。

### 1.2.3 HTML5 的应用领域

那么，HTML5 的适用范围、应用领域以及出现的形式也是非常广泛和丰富的。主要表现在以下几个方面：

1）也就是刚才所提到的响应式设计。

2）H5 移动应用。微信公众服务平台以及微信小程序。那么，什么是小程序呢？来看一下官方给出的定义：小程序是一种不需要下载安装即可使用的应用，它实现了应用“触手可及”的梦想，用户扫一扫或者搜一下即可打开应用。这也体现了“用完即走”的理念，用户不用关心是否安装太多应用的问题，应用将无处不在，随时可用，但又无需安装卸载（定义来源：腾讯，张小龙）。其实，通俗得讲，“小程序”将可以让用户想要查看应用的时候随时可以找到当前程序，且在使用完之后可以不用负任何责任，即不用下载安装或卸载（图 1-12）。

图 1-12

3）H5 微信营销广告。“H5”指的是传播于微信朋友圈中的电子营销案例，如同当年的室外广告或者是户外 LED 屏幕广告一样，只不过是现在运用移动互联网媒介来展现，利用移动互联传播快的特点进行宣传营销的电子广告。

用户可以浏览、互动甚至分享 H5 广告，其实时性、娱乐性、交互性极强。虽然会被其丰富绚丽的画面，灵动的交互以及精彩的创意所震撼，但说到底其只是一个类似于快餐式的营销模式，其“保鲜期”通常只有 24 个小时。但是，H5 营销广告的设计也成为了众多广告人、视觉设计师、商业插画师涉足互联网的重要的通道，同时创意独特以及推广度高的微信营销广告也是一个设计团队最好的宣传手段，所以对于 H5 营销广告的创意和设计也就大行其道了。

例如，2016 年天猫双 11 新媒体推广之一的 H5 营销广告“天猫双 11，穿越宇宙的邀请函”便是其成功代表之一，它结合了 H5 及现在非常流行的全景技术，给用户以极强的代入感和沉浸感。

图 1-13 展示的是关于音乐打榜专题的 H5 微信营销广告的视觉设计稿。

图 1-13

上面说到了 HTML5 的运用领域，那么现在一起来了解一下 HTML5 的发展历程。1993 年 6 月，HTML 最早由互联网工程任务组（IETF）发布 1.0 版本，它不是标准的结构语言，存在的意义不大。1995 年 11 月，IETF 继续发布了 HTML 2.0，它是 HTML 最早的规范。由于 W3C（World Wide Web Consortium）的出现，IETF 把 Web 标准的制定权转让给 W3C。1996 年的 1 月，W3C 推出 HTML 3.2。在三年的时间内，W3C 对 HTML 做了很多改进，又相继发布了几个版本。

1999 年，W3C 发布 HTML 4.01。它可以使文档内容与样式分离，不会像 HTML 3.2 一样破坏文档内容，维护起来更加方便。HTML 4.01 成为了 20 世纪末非常流行的网页编辑语言，对 Web 影响非常之大。

2001 年，W3C 发布 XHTML 1.0，它在 HTML 4.01 的基础上做了修改，相比 HTML 4.01 语法更为严格，版本更为纯净，并且它还能在当时所有的浏览器上被解释，成为更标准的标记语言。紧接着，W3C 又发布了 XHTML 1.1，它和 XML 没有什么区别，但在使用 XHTML 1.1 文档时，当时最红的 Internet Explorer 却无法正常显示。所以，W3C 又继续改进 XHTML 1.1。在 2002 年 8 月发布了 XHTML 2.0，但是它不兼容之前的 HTML 版本，使用时需要重新学习，这对于网页编辑人员来说并不是好事。

2004 年，Web Hypertext Application Technology Working Group（WHATWG）组织成立，开始重走 HTML 的路线，开发 HTML5。他们从两个方面对 HTML 进行扩展，分别是 Web Form 2.0 和 Web Apps 1.0，之后这两个版本合并后成为 HTML5。2006 年，W3C 选择开发 HTML5，自己成立了 HTML5 的工作组，它在 WHATWG 研发的 HTML5 的基础上展开研究。2008 年，W3C 发布了 HTML5 的草案，这是 HTML5 的最初版本。2009 年，W3C 放弃了 XHTML 的研究。2010 年，HTML5 的视频播放器开始取代 Flash 的地位，并且得到谷歌的大力支持，同时，HTML5 的语法规范也开始攻击 IE 的私有语法，打破 Adobe Flash 与 IE 在 Web 上的主宰。

2011 年，迪士尼、亚马逊、Pandora 电台相继使用了 HTML5 编写的应用、音乐播放器，用户可以离线使用，获得了用户的好评，并且 Adobe 公司停止为移动设备开发 Flash 播放器。2012 年，Linkedln 推出了 95%都是基于 HTML5 开发的 iPad 的应用。HTML5 还支持大容量的文件上传，Flickr 就使用它提高了上传速度。2013 年，大部分的手机都开始支持 HTML5 的应用。 终于，经过 8 年的艰辛研究，2014 年 10 月 29 日，W3C 宣布 HTML5 的标准规范制定完成。

### 1.2.4 为什么 HTML5 备受关注？

#### 1. 技术支持

新添加的标签，更加便于 SEO，提高浏览器对于导航、栏目链接、菜单、文章等其他部分的搜索，从而帮助的网站提升内容的价值。

开发移动 APP 的方式，从 Native（本地 APP）到 HTML5 再到 Hybrid （混合型）的出现，提高了开发速度，前端工程师可以使用 Cordova 框架或 HBuilder 软件等来开发，减少插件，节约开发成本，并且同一个功能只需要在不同的平台进行编译就可以运行，实现了跨平台。

并且，相对于开发成本高昂的原生 APP 来说，其依靠更加实惠并且可实现跨终端以及跨系统，Bug 修复速度快的特点成为移动产品的新贵。

### 2. 硬件支持

首先来看一下安卓系统，安卓手机端的百度浏览器、UC 浏览器、QQ 浏览器对 HTML5 都支持。

其次是 iOS 系统，iPhone 从 4s 到 6s，速度提高了 7.5 倍，也不断的对支持 HTML5 新特性更新升级，比如 WebSockets、加速器、新的表单控件与属性、支持新的 event、SVG。

### 3. 厂商支持

移动端：iOS 的 Safari 浏览器，安卓的 CC 浏览器，TX 浏览器给予了 HTML5 极大的支持。

PC 端：Chrome、FireFox、IE 9、Opera 等浏览器以及国内的一些浏览器，如 360 极速、搜狗、遨游、QQ 浏览器都开始支持 HTML5。

HTML5 有了这些支持，未来的道路会越走越顺，虽然 HTML5 有它的不足，但这恰好说明 HTML5 还有进步和发展的空间，相信 HTML5 会进一步影响互联网产品在设计和开发方面的工作方式。

## 1.3 移动设备的特点

对于设计而言，“适合”才是最好的。所以，当考虑产品的设计和开发时需要明白，先要做到了解用户，才是在后期分析用户的痛点，功能的确定延展以及视觉设计风格确定的根本。那么，就产品而言，需要确定的是用户本身的生活以及工作习惯，痛点和需求，当前用户在使用这款产品的时候所处的环境差异，在哪种环境中使用这款产品的几率较多？

这也是设计师在设计产品之前需要考虑的问题，例如是室内环境占主导还是室外环境占主导？网络运行环境是稳定的 WiFi 环境，还是使用流量的情况居多，因为一般在这种情况当中，用户在使用产品时的网络环境是不够稳定的，所以这就会影响到产品应该是以图片文字推送为主，还是以视频为主。

甚至用户在进行信息输入时是保持传统的文字输入为主，还是需要加入语音输入来降低用户的操作成本。产品背景色是深色为主还是浅色为主，是否需要调取极速模式来应对一些特殊的网络环境等。产品会被这些因素所影响，所以当设计和规划一款产品之前，需要考虑的方面是很多的。那么还有一个重要的因素，就是产品所存在的终端以及硬件。

对于产品而言，它所存在的终端不同，用户在操作产品时的交互方式也会有很大的区别。当前，人们使用的终端更多是智能手机，当用户在进行人机交互时，其实更多是通过手指在屏幕上的操作来进行的。其中，手势操作是最常见的，也是最普遍的（图 1-14）。

那么，随着智能手机为第三方应用提供的功能接口越来越丰富，传统的交互方式也在不断的变化和更新。除了传统的手指点击之外，现有的交互方式中也加入了语音、眼动、指纹、动作捕捉等新的人机交互方式，以便于减少用户在交互时的操作成本，提高了操作的效率。

图 1-14

例如，苹果在推出 iPhone 6s 以及 iPhone 6s Plus 时，加入了新的手指点击模式 3D touch 技术，它是一种基于手指点击力度的不同而识别的立体触控技术，运行于 iOS 系统中。相比于多点触控的二维平面空间中，3D touch 增加了对屏幕纵深的利用，用户只需通过手指重按屏幕便可收到新的信息推送（图 1-15）。

图 1-15

3D touch 最初是作为 Force Touch 运用于 iWatch 的屏幕中，以便对小屏幕进行多纬度的重复利用。但是，3D touch 的操作要比作用于 iWatch 上的 Force Touch 要更加的灵敏，而且可调取相关的功能操作进行情景化菜单的呼唤，所以 iPhone 的 3D touch 的操作体验要优于 Force touch（图 1-16）。

3D touch 的出现是为了在操作中更好地连接列表页面与详情页面，在列表页面也可以快速预览详情内容并进行一些重要操作。不需进入详情页面，就可以更好的提高用户在产品操作时的效率，节省操作的时间成本。同时也是为了缓解手机屏幕所特有的“页面刷新”所带来的不便。

图 1-16

除了 3D touch 的植入之外，动作捕捉也成了人机交互方式中重要的组成部分，微信“摇一摇”找好友就是一个非常典型的案例，后来运动记步类 APP 的流行将动作捕捉推向了一个高潮，只需携带手机或佩戴智能手表或者手环，就可以统计用户今天完成的步数。图 1-17 是作者团队参与设计的运动类 APP 的视觉设计样稿，包括手机端和手表终端的页面，服务于 iOS 系统。

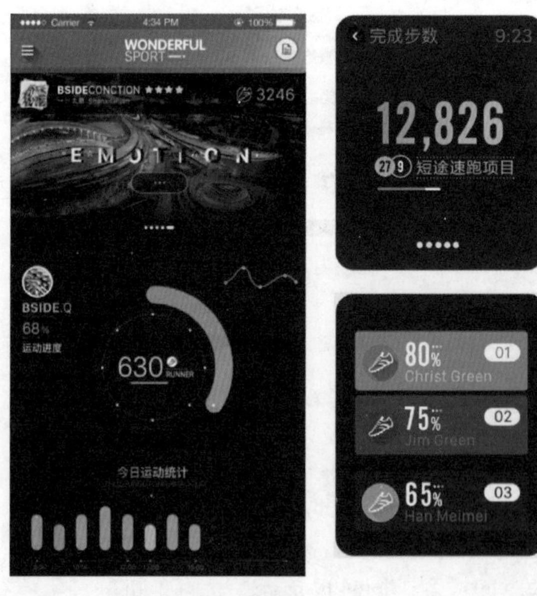


图 1-17

## 1.3.1 移动端与 PC 端的区别

虽然当前互联网设备主要是以移动端智能设备为主，例如智能手机、平板电脑，也包括智能手表。不过以 PC 端为主导的传统互联同样也在不断地适应互联网发展潮流，如同在上文所提到的响应式设计与 HTML5 的兴起就是一个明显的例证。

虽然 PC 端网页受 HTML5 的影响开始向移动端大量的适配，但是就终端而言，两者之间不论是使用环境还是设计规范等方面都有很大的区别。所以还是需要清楚，当针对不同的终端进行设计和开发时不同终端的特点，这样才能够使设计符合用户的使用习惯而保证用户体验的不断优化。

那么，移动终端与 PC 端之间的区别如下：

- 屏幕尺寸的不同以及设计开发的规范性不同；
- 使用环境以及干扰因素的区别导致交互方式的不同；
- 操作媒介以及操作精度的不同。

### 1. 屏幕尺寸的不同及设计规范性的不同

这一点固然是最为明显的区别，从硬件的屏幕物理尺寸来看，PC 端屏幕要比智能手机大很多。PC 常见尺寸为 13 英寸以上，而对于智能手机，从早期的 3.5 英寸，发展至现在的超大屏手机，其屏幕的物理尺寸也就稳定在 5.5 英寸左右，例如 iPhone 7plus 便是如此。其主要原因就是因为智能手机设备是以单手操作为主要的操作方式，所以它的屏幕不宜过大。

例如文字，对于智能手机界面中的文字来说，以 iOS 系统为例，其正文文字的大小通常为 24 号，并且使用的是适合高清小屏幕的旧金山字体（图 1-18），那么如果把它放到 PC 端的话，24 号文字一般可以代表中等大小的文字了，而在 PC 端来说其最小的正文文字通常以 12 号或者 14 号文字为主。

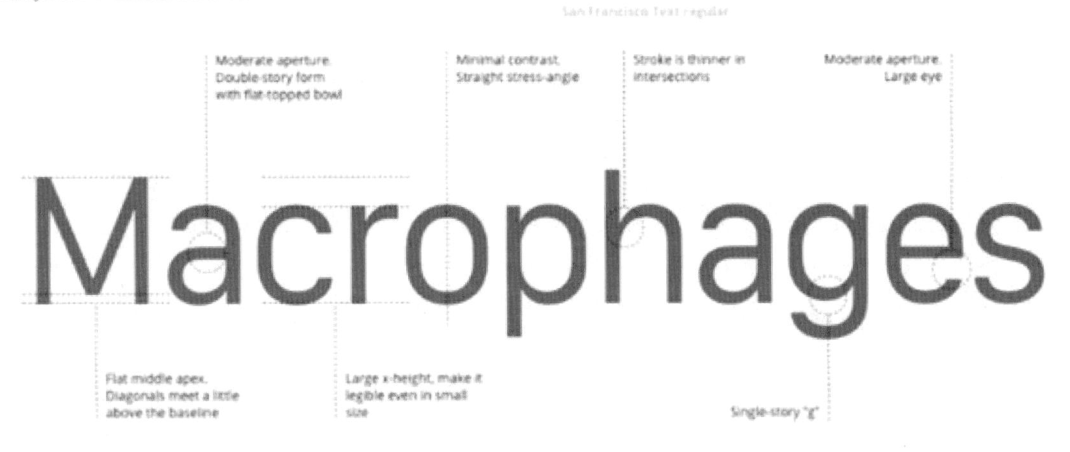


图 1-18

对于智能手机来说，为了保证手指点击的触碰印记，在设计的同时也要考虑到每一个图标的点击热区范围，也就是其切图的范围。

iOS 系统当中规定其最小的手指点击范围是 44×44pt（逻辑像素）。

所以，如果针对于 750×1334px（像素）的设计环境进行手机页面设计的时候，一般会把图标的实际尺寸按照最小 44×44pt 或者再大一些进行设计，而针对于此图标的切图范围，需要将其放大至最小 88×88px 来完成（图 1-19）。那么，在原生安卓系统当中要求最小的手指点范围是 48×48dp（逻辑像素）。所以不同的终端，对于产品的开发标准也有很大不同。

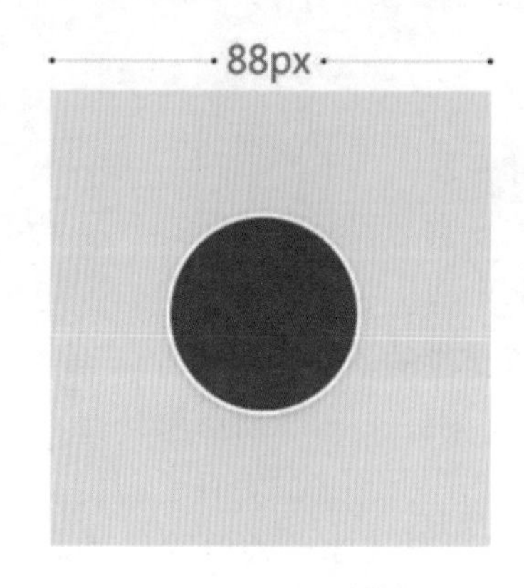


图 1-19

## 2. 使用环境及干扰因素的不同

作为智能移动终端中最典型的代表，智能手机使用环境的碎片化现象更加严重，使用的场景和环境也会有很大的变化，其网络环境也会根据室内和室外而有所区别。所以，针对于智能手机的应用，需要在最便捷的操作方式和最短的时间成本来完成对于用户需求的满足。通常在进行智能设备操作时，时间较短，并且长期处于室外环境中使用的应用，网络以及产品的背景色都需要进行改善。所以，其交互方式也会随着这些因素的变化而发生改变。我们会发现，在以手指点击为基础，智能设备也在不断的加入语音、指纹、动作、三轴陀螺仪带来的重力感应，甚至通过眼动来完成人机交互。快速而安全，是人机交互方式上的又一次创新，虹膜识别是其中非常重要的代表（图 1-20）。

智能手机给第三方应用的功能接口越来越丰富，iOS10 升级完成后，甚至可以使用 Siri 来语音操作第三方应用以代替之前的手指点击，在极大地解放了用户双手的同时，也提高了产品使用的效率。从信息推送方面来说，针对用户需求所进行的个性化信息推送的方式将逐步成为移动设备信息推送的新趋势。

对于传统 PC 来说，由于其屏幕较大，使用的环境也相对于稳定，一般在室内以及长时间用的情况较多。而且，其交互方式较智能手机来讲也显得相对单一，通常通过鼠标键盘等外接设备来完成信息的输入，并且在用户浏览网页时，用户所接触到的信息量也更大，信息推送的方式也显得更加“粗放”。也正是由于其使用电脑的环境以及时间而考虑的，例如以 360 网站导航为代表的导航页面和门户网站都是在 PC 端进行信息推送最典型的代表。

图 1-20

### 3. 操作媒介以及操作精度的不同

通过上面的介绍，读者可以发现，屏幕大小以及使用的场景和环境的区别，都会造成交互方式、操作媒介、使用时间以及信息推送的不同。所以作为设计师来说，需要针对于不同的终端去按照它的特点进行设计，以便用户在不同的终端和场景都能够顺利地满足用户需求。

总结一下，对于智能设备来说，其交互方式会更加多元化，并且会更加趋于效率和智能。所以要求设计师在产品的实用性上面考虑的维度会更加复杂。除了常规的滑动、点击、长按、重按、捏合等手势之外，还要结合语音、动作、指纹等配合完成人机交互。

对于 PC 端，其交互方式更多还是通过鼠标和键盘等外接设备为主，而相对于手指点击，鼠标操作会更加精确。这也就导致了两个终端之间的设计规范性会有很大区别。例如设计网页时需要考虑到控件在感受到鼠标悬停所产生的交互样式，而在智能手机产品的设计和开发中则通常不需要考虑这一点。所以，智能设备和 PC 端的特点及区别都是密不可分的，是典型的因果关系。

## 1.3.2 移动设备的特点

以智能手机为例，通常在使用智能手机的时候是以竖屏状态居多，并且大多是以单手操作的。那么对于智能手机屏幕来说的话，通常会以屏幕上半部分为眼部热区，下半部分为手部操作热区。所以，通常会把展示类型的信息，例如 banner 图，LOGO 等视觉元素放在上半部分的眼部热区展示，对于一些重要的操作和点击按钮会放在手机的中下部分，方便用户的手指点击。

例如在有些 APP 当中，将返回到上一级的“返回键”以及部分重要操作放在屏幕下方来展示（图 1-21a 所示）。还会经常发现手机移动产品的登录页面其输入框和按钮也会放置在屏幕中线以下来行展示（图 1-21b 所示）。

还有一些特点总结如下：

a）界面精致、可操作性强。所以这也就需要设计师能够在手机屏幕大小、信息合理完整的传递和用户阅读、界面视觉效果的美观留白以及功能区域划分之间寻求平衡。

b）记忆负担尽量减少、尊重用户操作习惯。在使用移动端设备进行操作的时候，要求在使用产品的时候尽量减少用户的操作时间成本，并增加产品的易学性，还要尊重用户的操作习惯，保证快速、智能、高效地满足用户需求。

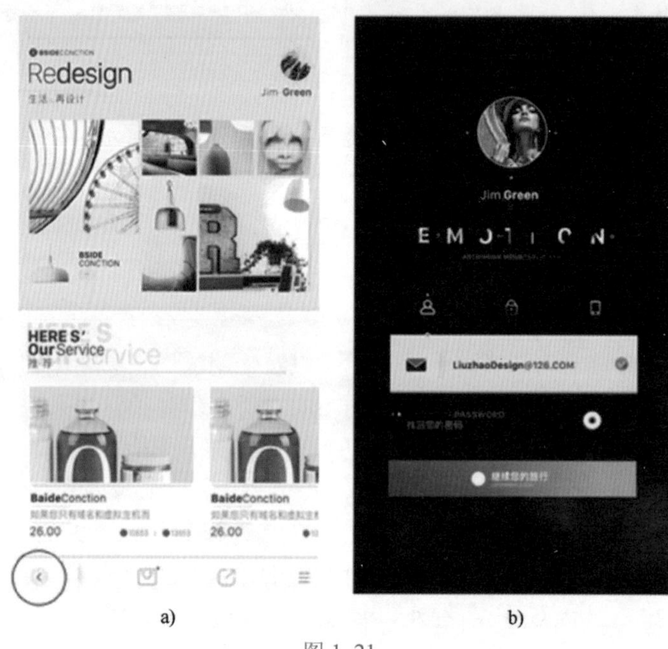


a) b)

图 1-21

a) 重要操作置于下方 b) 重要操作在中线以下

c）设计风格和版本的一致性。在设计应用视觉效果的时候，不同的应用以及不同的系统要区别使用视觉元素风格，不要混合使用。

同时也要注意版本更新过程当中视觉风格的延续并保持重要功能操作图标的一致性，以保留产品核心功能并遵循用户之前的操作习惯。当产品界面的视觉设计接近尾声时，通常要根据产品的视觉来编写“产品视觉规范性说明文档”以保证产品视觉风格的一致性。

手机应用通常以页面刷新的方式为主，由于屏幕较小，所以手机应用通常都要以新的页面进行展示。列表页跳转到详情页就是一个很典型的例子。

例如，社交平台中从好友列表进入到好友详情页面的时候，由于手机屏幕较小以及竖屏使用的情况，这两个功能页面通常会分别在两张页面进行展示，如果这两层信息放在一个屏幕中显示势必会遮盖当前页面更多的有效信息，所以把这种方式称为“页面刷新”或者“页面跳转”（如图 1-22）。

页面跳转过于频繁的话，会无形中增加产品的点击深度，耗费用户更多的时间成本。所以面对这样的情况，iOS 系统结合苹果手机的屏幕特性加入了 3D touch 这样交互方式，来减少页面跳转。其目的也是为了寻求在页面刷新、信息展示和传递以及提升界面操作效率之间寻求平衡。

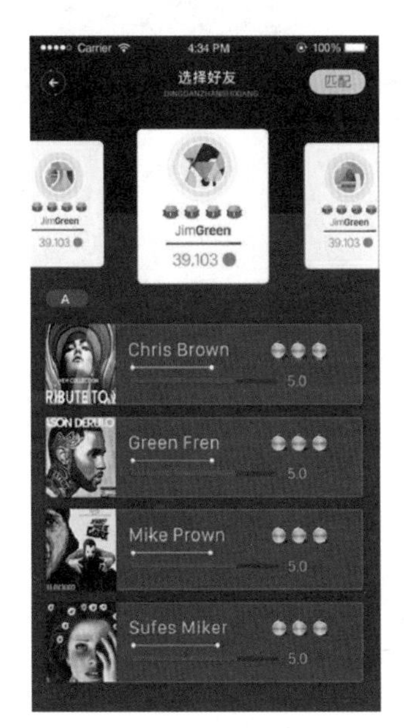

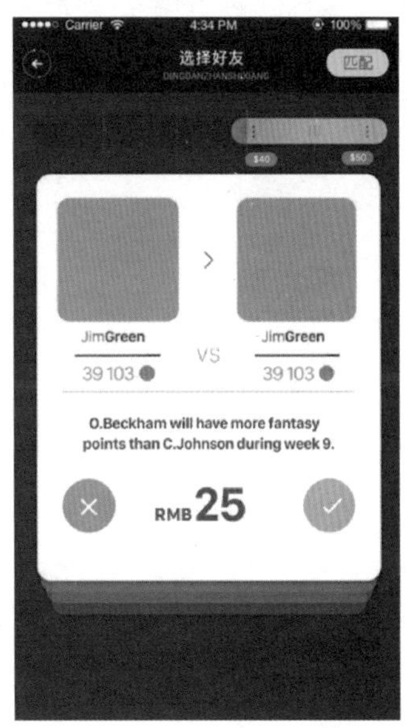


图 1-22

# 第 2 章

# 决定设计的先决条件

## 2.1 工欲善其事，需先利其器–常用 UI 设计工具

Adobe Photoshop，简称“PS”，是著名的平面设计软件，它具有强大的绘图、校正图片及图像创作功能，可以利用它创作出原创性的作品。Photoshop 的前身是一个叫 Barney Scan 的扫描仪配套软件，后来，Adobe 公司看中了它优秀的图像处理功能，将它开发成功能更为强大的图像处理软件并命名为——Photoshop。该软件界面友好，功能强大，操作简单，具有无与伦比的创造性和趣味性。

### 2.1.1 Photoshop 的应用领域

设计师Thomas Knoll 和 John Knoll（图 2-1）共同开发了一款图像处理软件，这就是 Photoshop 的雏形。

图 2-1

Adobe 公司收购这款软件后，Photoshop 版本 1.0 于 1990 年 2 月正式发行。这个版本只有一个 800KB 的软盘的大小。

Adobe Photoshop 重要版本历史：

- 1.0 Macintosh 1990 年 2 月；
- Photoshop CC 2013 年 6 月；
- Photoshop CC 2014 2014 年；
- Photoshop CC 2015 2015 年；
- Photoshop CC 2017 2016 年。

自从 Photoshop CC 推出后，Adobe 对其进行了三次重大更新，CC2017 是现在最新版本。如今的 Photoshop 已不仅仅是一个应用，已发展成为视觉设计行业的代名词。Photoshop 的出现改变了人们处理图像的方式，同时也改变了图像的创建方式，而这一切都令设计师的工作更加快捷有效！

很多人对于 Photoshop 的了解仅限于“一个处理图像很便捷的工具”，并不知道它的诸多应用。实际上，Photoshop 的应用领域是很广泛的，在图像、图形、文字、视频、出版各方面都有涉及。

1. 平面设计

平面设计是 Photoshop 应用最为广泛的领域，不管是正在阅读的图书封面，还是大街上看到的传单、海报，这些具有丰富图像的平面印刷品，基本上都用 Photoshop 软件进行图像处理。

2. 修复照片

Photoshop 有强大的修复和美化图片功能。利用这些功能，可以快速修复一张破损的旧照片，也可以修复人脸上的斑点等缺陷。

3. 广告摄影

广告摄影作为一种对视觉要求非常严格的工作，其最终成品往往要经过 Photoshop 的修改才能得到满意的效果。

4. 影像创意

影像创意是 Photoshop 的特长，通过 Photoshop 的处理可以将原本不同的图片元素的组合在一起，也可以使用“移花接木”的手段使图像发生翻天覆地的巨大变化。

5. 文字创意设计

让文字光鲜亮丽，可以用 Photoshop 处理。利用 Photoshop 可以使文字发生各种各样的变化，利用这些艺术化处理后的文字在视觉上将更加丰富（图 2-2）。

图 2-2

6. 网页设计

互联网时代是促使更多人需要掌握 Photoshop 的一个重要原因，因为在制作网页时 Photoshop 是必不可少的网页图像处理软件。

7. 游戏手绘

由于 Photoshop 具有良好的绘画与调色功能，许多插画设计制作者往往使用铅笔绘制草稿，然后用 Photoshop 填色的方法来绘制插画。除此之外，近些年来非常流行的像素画也多为设计师使用 Photoshop 创作的作品。

### 8. 婚纱照片处理

当前越来越多的婚纱影楼使用数码相机，这也使得婚纱照片处理成为一个新兴的行业。

### 9. 图标设计制作

虽然使用 Photoshop 制作图标在感觉上有些大材小用，但使用此软件制作的图标的确非常精美，色彩斑斓像素精细（图 2-3）。

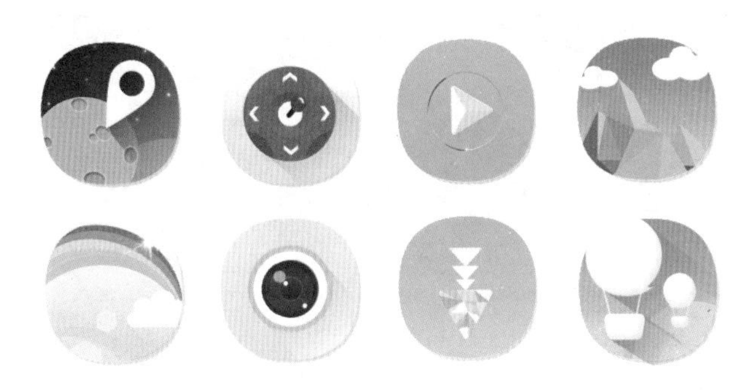

图 2-3

### 10. 界面设计制作

界面设计是一个全新的领域，由于受到越来越多用户挑剔而引起重视，现在已经成为一种全新的职业。在当前还没有用于做界面设计的专业软件，因此绝大多数设计者使用的都是 Photoshop（如图 2-4）。

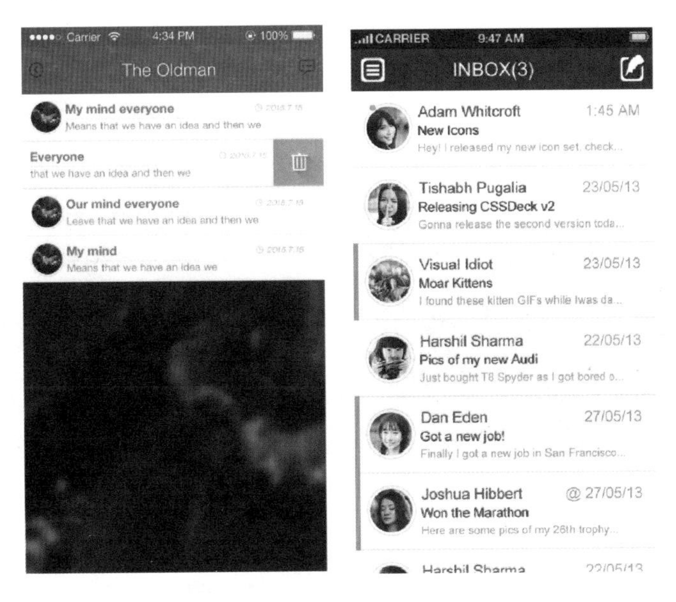


图 2-4

Photoshop 主要应用在这十大领域，但实际上并不止于上述这些领域。例如，建筑设计、影视后期制作及二维动画制作等领域，Photoshop 也都有应用。

## 2.1.2 矢量图和位图的概念

矢量的概念是根据几何特性来绘制图形，是用线段和曲线描述图像的，矢量可以是一个点或一条线（如图 2–5）。矢量图只能靠软件生成，矢量图文件占用内在空间较小，因为这种类型的图像文件包含独立的分离图像，可以自由无限制的重新组合（图 2–6a）；位图图像也称为点阵图像，位图是用一格一格的像素小点来描述图像。（图 2–6b）

图 2–5

位图和矢量图最大的区别是矢量图形与分辨率无关，可以将它缩放到任意大小并能以任意分辨率在输出设备上打印出来，都不会影响清晰度，而位图是由一个一个像素点产生，当放大图像时，像素点也放大了，但每个像素点表示的颜色是单一的，所以在位图放大后就会出现咱们平时所见到的马赛克状。位图可以表现出色彩丰富的图像，可逼真表现自然界各类实物；而矢量图形色彩不丰富，无法表现逼真的实物，矢量图常常用来表示标识、图标、LOGO 等简单直接的图像。位图的文件类型很多，如.bmp、.pcx、.gif、.jpg、.tif、.psd 等；矢量图形格式也很多，如 Adobe Illustrator 的.AI、.EPS 和 SVG 等。

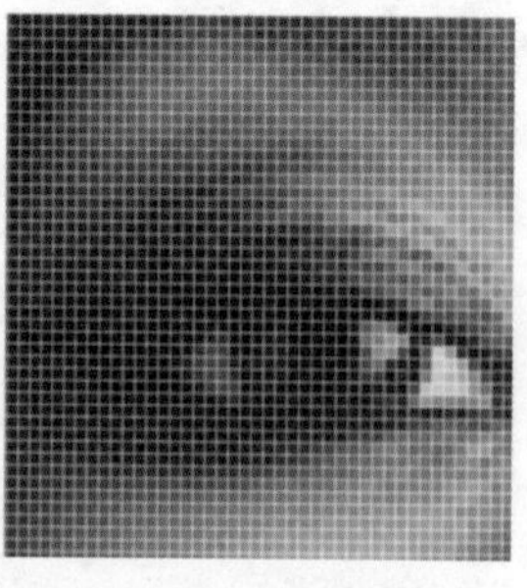

a)

b)

图 2–6

由于位图表现的色彩比较丰富，所以占用的空间会很大；由于矢量图形表现的图像颜色比较单一，所以占用的空间会很小。经过 Photoshop 软件，矢量图可以很轻松的转化为位图，而位图要想转换为矢量图必须经过复杂而庞大的数据处理，而且生成的矢量图质量也会有很大的差别。

## 2.1.3 Photoshop 的操作界面

Adobe Photoshop CC 支持 Windows 操作系统 、安卓系统与 Mac OS（如图 2-7）。

图 2-7

### 1. Photoshop 工具栏

Photoshop 操作界面中，主要分为 5 大版块：菜单栏、工具选项栏、工具箱、面板以及编辑区，面板当中的图层面板是主要编辑区，一个丰富的界面效果由若干个图层叠加而成。如图 2-8 为 Photoshop CC 的打开界面。

图 2-8

使用时若活动面板丢失可以在窗口-工作区-复位基本功能（或者工具选项栏-基本功能-复位基本功能），切换屏幕显示使用快捷键〈F〉（图 2-9）。

我们把 PS 的工具栏分割为四大模块：选择工具组、绘画与修饰工具组、矢量图形工具组（网页和 UI、加减运算）、其他工具组（图 2-10）。

图 2-9

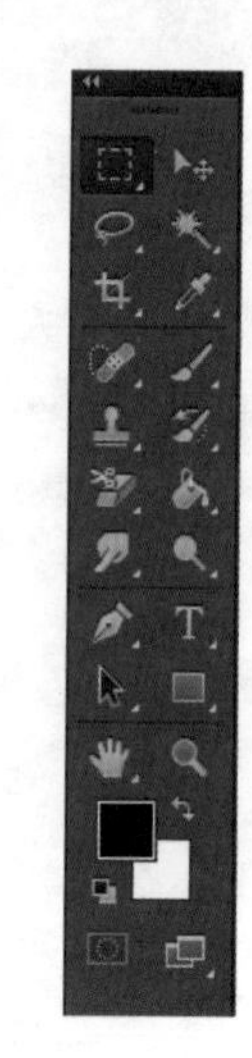

图 2-10

下面简单介绍下 UI 设计中用这些工具的功能。

a）在选择工具组中，可以利用位图选框工具制作位图图标（图 2-11）。

图 2-11

但由于位图放大会失真，所以在设计 UI 图标时建议大家用矢量工具组来绘制图标。

b）在矢量工具组中，可以利用自定义图形来快速完成一些复杂图标绘制，比如常用的矩形、圆角矩形、圆形等来快速实现图标的制作（图 2-12）。

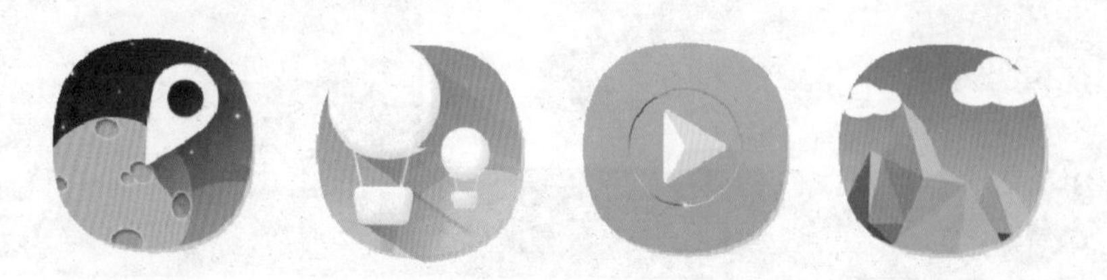

图 2-12

c）在绘制界面中，还可以利用这些工具制作出一些精美的页面（图 2-13）。

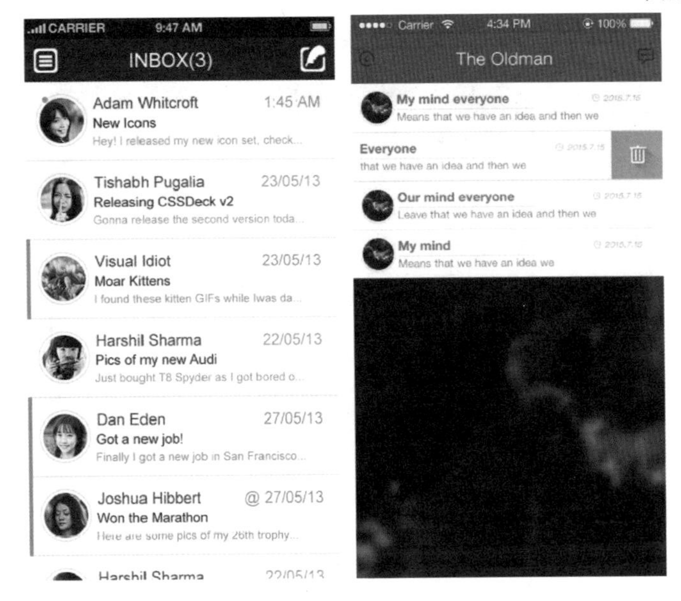


图 2-13

2. 选区

a）增加选区处理图像时，常常要选择图像上两个或两个以上的选区，这时可先用选框工具选择第一个选区，再按住〈Shift〉键，用选框工具画出增加的区域。

b）减少选区的意思就是当打开一个图像，选定了一个选区，这时又想去掉其中的一部分，可以这样来处理：先在图像上选择一个选区，按住〈Alt〉键再画出一个选区，确保第二个选区与第一个选区相交部分就是你要去掉的部分即可。

c）相交选区。在选择图像区域的时候，若先选定了一个区域，这时再按住〈Shift+Alt〉键再选中一块区域，那么最后选中的区域就是两次选中区域的相交部分。

d）Photoshop 自由变换工具的快捷键：〈Ctrl+T〉，功能键：〈Ctrl〉、〈Shift〉、〈Alt〉。其中〈Ctrl〉键控制自由变化；〈Shift〉控制方向、角度和等比例放大缩小；〈Alt〉键控制中心对称。

3. Photoshop 颜色模式概述

Photoshop 的颜色模式是将某种颜色表现为数字形式的模型，或者说是一种记录图像颜色的方式，分为：RGB 模式、CMYK 模式、HSB 模式、Lab 颜色模式、位图模式、灰度模式、索引颜色模式、双色调模式和多通道模式。在 UI 界面设计时应选择 RGB 模式。人的眼睛最大只能识别的颜色估计在 1000 万种，再多颜色也不能明显看出来，而一般显示器和印刷也只能是 8 位、16 位或 32 位等，更高位数只能是研究所使用的位深度，而且需要使用 10 万像素以上的高端显示器去呈现，所以，在 UI 界面设计中位深选择 8 位即可（图 2-14）。

GUI 设计中也常会用到图层内部的一些工具，如图层样式中一些图层效果的添加。“颜色叠加”“渐变叠加”和“图案叠加”样式，可以分别使用颜色、渐变色与图案来填充选定的图层内容。为图像添加这三种样式效果，犹如在图像上新添加了一个设置了“混合模式”和“不透明度”样式的图层，可以轻松地制造出绚丽的视觉效果。除了系统内置的一些图层样式，也可以自己制作或从网上找一些素材以便随时调用。

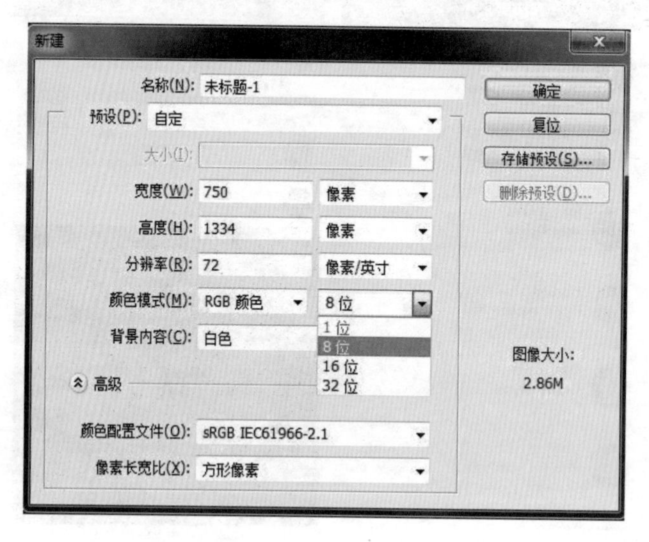


图 2-14

在利用图层蒙版时也经常会用到前景色与背景色的切换，复位前景色与背景色的快捷键〈D〉，切换前景色与背景色快捷键〈X〉。还有一些隐性工具，如标尺〈Ctrl+R〉和参考线，也是 UI 设计中必不可少的利器工具。

### 4. Photoshop 中智能对象的运用

为了在编辑图像时不破坏图像原有的像素，需要将其转换为智能对象，图像本身在缩小放大之后会导致图像的失真，转换为智能对象之后可以锁定原有图像的像素，再次编辑时不会受其影响。Photoshop 转换为智能对象，绝对是一个值得使用的功能。通过保护原始像素，任何缩小的处理都会保护得非常好，但是放大处理仍然会模糊失真，毕竟需要通过计算添加一些原本没有的信息。当然，智能对象的表现会远高于普通图层的处理，所以最好在一开始就选择像素很高的源文件来处理，避免放大操作。

### 5. Photoshop 和 Illustrator 的结合使用

Adobe 旗下的 Photoshop 和 Illustrator 两者之间是互补的，Adobe Illustrator 是矢量制图软件，制图快速便捷，比如描边，而 Photoshop 中则需要使用工具加减交结合完成，略显麻烦一些，比如制作一些特殊效果（凸出、鱼眼等），Photoshop 则较难实现。根据一些设计师多年设计经验，运用 Illustrator 能够更快速便捷的制作图像，运用 Photoshop 来丰富页面效果。在 Illustrator 中制作好的图形可以直接将其拖拽至 Photoshop 中，与 Photoshop 进行结合使用，达到界面更完美的效果。

当然在 Photoshop 中所绘制的图像，所包含的图层也可以直接载入 Illustrator 当中进行编辑。

### 6. Photoshop 界面制图习惯参考

现在是互联网时代，部分传统企业也转型进入互联网行业，UI 设计师的需求日益加大，软件的熟练使用是 UI 设计师必须具备的条件，让 UI 设计师能够更高效的完成设计工作。

依照作图习惯，可以把左侧工具组保持不变，将右侧的模块分类，图层是 Photoshop 中最重要的模块，可单独列为一组，文字、属性、段落列于图层左侧，每一组常用的可以默认收缩，便于调用，从而节省空间，大大提高界面绘图效率。

读者可以在设计中不断调整自己的工作界面，使软件更加方便易用。这里呈现一些设计师的工作界面（如图 2-15）。

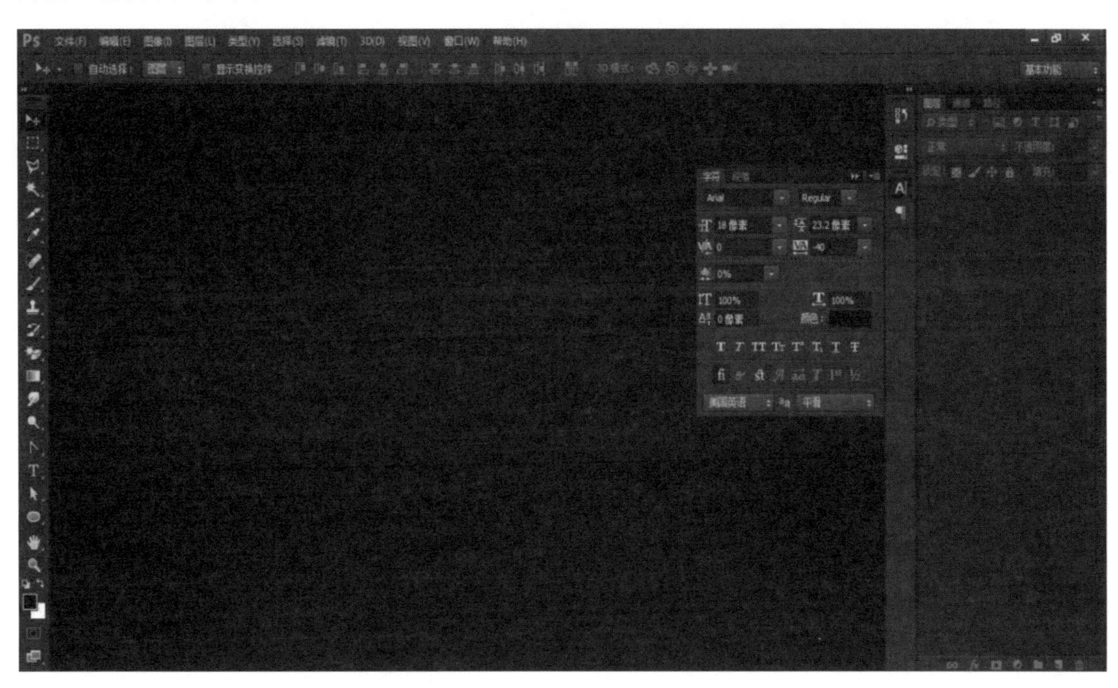

图 2-15

前文提到，在一些图层样式和图案叠加中可以添加一些常用的图案，制作出丰富的页面效果，增加情感化设计。Photoshop 是非常强大的图像处理的软件，滤镜、图层样式、混合模式都是设计师在制作特效中非常喜欢使用的。这些经验都是作者团队经过多年的设计经验慢慢总结出来的。读者应找到适用于自己的最便捷、最高效的工作界面，以提升设计工作效率（如图 2-16）。

图 2-16

## 2.1.4 Sketch 的功能特点

早期的 Sketch 主要定位于小巧的矢量画图工具，而不是专业设计工具，2010 年发布时是比较小众的一款矢量图处理软件（如图 2-17）。

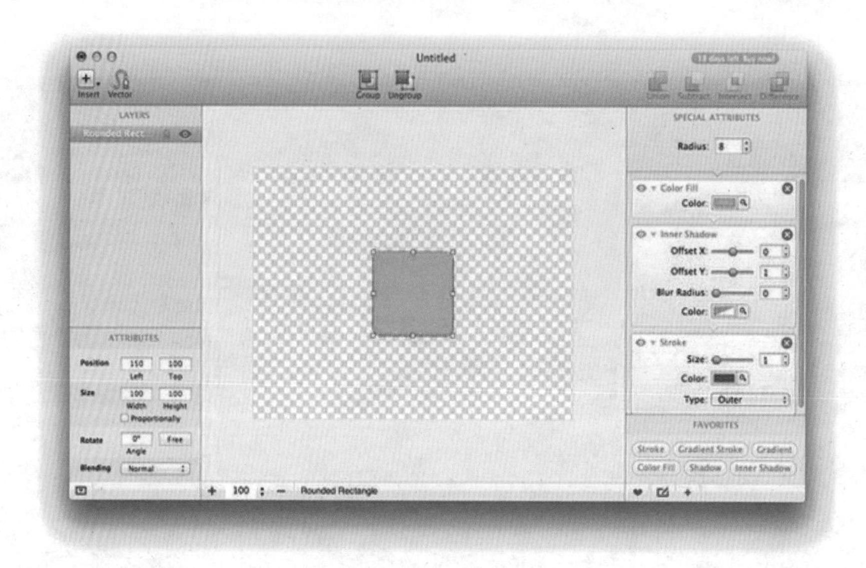


图 2-17

2012 年 5 月 Sketch 2 正式发布了，获得知名设计师的一致好评，也顺利赢得了当年的苹果设计奖（图 2-18）。

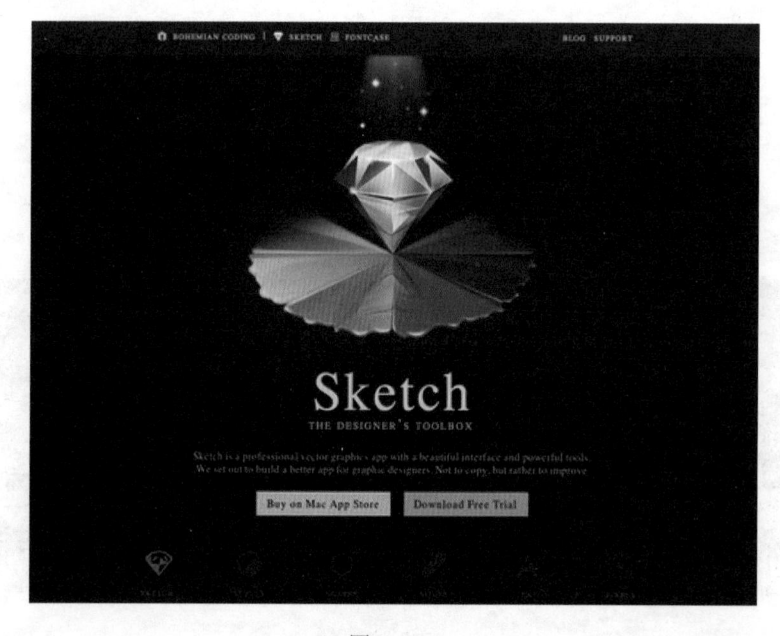


图 2-18

尽管初期 Sketch 2 还存在很多 bug（漏洞）而且容易死机，很多设计师依然选择使用 Sketch，作为主要设计工具。Sketch 2 和 Sketch 3 无论在上手容易度、功能体验及交互细节上都比 Photoshop 更加便捷好用（图 2-19）。

图 2-19

对于设计师，Sketch 界面简单明了，学习成本低，不需要很高的门槛就可以学会。Sketch 简洁的工具栏专门服务于 UI 设计，可以帮设计师高效完成设计，正逐步成为了 UI 视觉设计师的“新宠”。

与 Photoshop 相比，Sketch 不是多了什么功能，而是它本身针对 UI 设计的操作、交互模式，使用起来非常高效。Photoshop 软件功能它考虑的用户人群不只针对 UI 设计师，虽然在最新版的 Photoshop CC 中，一些例如高效的切图，测距等功能有所升级，但是 Photoshop 的基本工具的操作以及交互方式从来不是为 UI 专门设计的，所以 Sketch 软件的专业程度就显得比较突出。Sketch 功能的广泛便捷，但只能在 Mac 系统中运行。

### 1. 清晰明了的操作界面

Sketch 不仅简化了操作，也使用户可以更专注设计的内容。Sketch 中没有画布的概念，整个空白区域都可进行设计制作，因为它全部是基于矢量的。但有时候我们需要在定制好的范围进行自己的设计制作。在 Photoshop 及其他设计软件中，把它叫做画布，但在 Sketch 中，它被赋予了一个新的名字——Artboard。像背景图层一样，我们可以创建无数张 Artboard。我们将 APP 界面看做一个 Artboard，通过对比查看他们的不同之处或者将他们的交互过程串联起来，只需要简单的一到两步的操作即可完成。然后，可以将这些 Artboard 分别导出为 PDF 或者分为一个个的图片文件。

Sketch 对于画布的添加没有限制，可以将界面全部放在一个文件内完成，每页都可以建立多个画布，而且即便设计很多界面，在运行效率上也不会降低，这是因为使用矢量制图，所以文件体积也比 Photoshop 小很多。

### 2. 全面完整的素材库

设计界面过程当中需要加入一些系统本身自带的控件，针对不同版本，不同型号的控件，比如弹出的提示框、浮动键盘。读者大可不必自己再画一次，Sketch 有丰富的素材库，读者可以直接将需要的素材拖拽进来即可使用，节省了大量的时间，可以腾出更多的时间用于思考核心产品设计。

### 3. 自动保存功能

对于设计师来说最残忍的事莫过于没有来得及保存设计成果，为了减少 Photoshop 崩溃造成损失，每一个 UI 设计师都会不停地〈Ctrl+s〉保存文件，而 Sketch 的人性化设计可以自动保存，它不会打断你，你也不必每隔几分钟保存一次。

### 4. 智能切片工具

Sketch 的切片工具，可以轻松将一个图标导出为适配于 iOS 和安卓的各种尺寸，精确适配 xxhdpi，xhdpi，hdpi 等屏幕等级，iOS 下一倍、两倍，甚至三倍的切片资源。更重要的是，使用 Sketch 完成切片工作，将比传统方式节省一倍甚至更多的时间。

### 5. 拖拽导出——更加方便

Sketch 拖拽导出的方法有两种，一种是通过 group（组）导出，另一种是通过 slice（切片）拖拽导出，不仅可以拖拽导出到文档、文件夹，还能直接拖拽导出到邮件、设备，甚至上传到网站。

### 6. 重复展示一致动作

重复复制的操作也简练很多，按住〈Option〉键，点击要复制的元素进行拖动就可以。将元素拖拽到目的区域之后，使用〈Command+D〉快捷键，就可以重复的复制这一动作了。

### 7. 共享样式更加独特

针对某些元素的样式重复使用的情况，你只需要将原有的样式进行命名，然后就可以使用这个样式，并且所有运用到这个样式的都会随之一起改变，这样便捷的操作比 Photoshop 里的复制粘贴图层样式方便了很多。

### 8. 实时查看—效果图镜像

为了便于设计师与产品经理或客户之间的快速交流，Sketch 支持在 iOS 设备上查看设计稿，只需要下载 iOS 的 APP，就可以在苹果系统支持的 iPhone、iPad 上实时查看设计稿。

### 9. 符号

Sketch 中还有一个非常实用的功能就是符号。设计过程中会有许多不同的状态、模式或者选项，这时你可以将单个屏幕单独设定为一个“符号”，然后单击“转化为符号（Convert to Symbol）”按钮，并复制这一“符号”，当改变这个符号中的元素的时候，所复制的屏幕会同步更新，十分快捷。

## 2.1.5 Sketch 的使用方法

### 1. 全屏演示模式

与 Photoshop 里连按两个〈F〉一样，隐藏所有工具栏和菜单，全屏展示内容，使用的快捷键是：〈Command〉。

图 2-20

### 2. 网格工具

在 Photoshop 中网格算是比较低端的工具，Photoshop 不用采用网格插件基本就不可用，而 Sketch 中网格工具则可以很方便的进行编辑，有传统的方格，也有横向和纵向组成的长方形，使用起来真是便捷不少。

### 3. 图层样式

与 Photoshop 一样，Sketch 也有渐变、描边、内外阴影，不同之处在于 Sketch 制作图形增添图层样式时可以叠加最多四层完全不同的渐变，添加无限的描边和内外阴影。在制作比较复杂的图形的时候 Sketch 会更加便捷。文字的样式也可以单独的保存起来，方便对多个的文本进行调整。图层样式使用〈Alt＋Command＋c 或 v〉进行复制粘贴。

### 4. 钢笔工具

Sketch 的钢笔工具也比 Photoshop 好用，具体表现在可以针对像素或半个像素对齐，而在 Photoshop 中虽然也可以对一个像素对齐，但设置和切换很麻烦。结合〈Alt〉键可以画出完美的弧线，绘制钢笔路径时，Sketch 会自带类似于 Photoshop 中的橡皮带，〈Alt〉能够引导即将绘制路径的方向和曲线，同时在检查器面板中可以通过快捷方式完成锚点编辑。

5. 圆角矩形

在 Sketch 中创建圆角矩形是很方便的，不但可以直接控制四个角圆角大小，也可以双击单个圆角进行调整，并且缩放拉伸圆角矩形时，圆角也不会变形，当然 Photoshop CC 也升级功能并解决了这个问题，但它的操作很繁琐。

6. 方便的选择元素

读者可以通过左侧图层和分组栏，看到矢量图形的缩略图。有着命名规范的良好习惯的设计师，Sketch 的搜索会让你在寻找界面元素的时候更加快速，并且随着上下点击就会对焦到你选中的元素。

7. 测量工具

测量工具要比 Photoshop 更加便捷快速，不再需要使用蚂蚁线或者切片工具来测量元素与元素之间的距离。Sketch 为了提高制图效率让设计更加精确，只需要在元素中按住〈Alt〉键，然后再用鼠标点选其他元素或者移动，就可以实时显示上下左右之间的距离。

8. 轻松改变透明度

当需要调整一个元素的透明度的时候，不需要去慢慢调节进度条，只需要选中图层或组，使用数字按键来设定透明度，比如 3 就是 30%透明度，这可以非常方便快捷的更改参数。

9. 巧用比例缩放功能

当在画板中创建的 UI 元素大小不符合期望时，假如设置了一个边缘半径 30px，边框 6px 的按钮，如果直接鼠标拖拽缩放，效果恐怕不理想。会造成边框不随着面的大小适时地变粗或者变细，如果你点击“比例缩放（Scale）”按钮来调整，就可以让边框随着面的大小适时地调整，比例协调地缩放。

### 2.1.6 Sketch 常用快捷键汇总

Sketch 只能在 Mac 系统中运行，以下快捷键针对苹果电脑。

- 〈Ctrl+〉表示与Windows 系统本身重合的命令；
- 字母 表示最常用的命令；
- 〈Alt+〉表示相对常用的命令；
- 〈Shift+〉1 表示“反”命令，2 表示有对话框的命令。

快捷键如表 2-1 所示：

表 2-1

| 中　文 | 快 捷 键 | 中　文 | 快 捷 键 |
|---|---|---|---|
| 拷贝 | 〈Cmd+C〉 | 切片 | 〈S〉 |
| 剪切 | 〈Cmd+X〉 | 钢笔 | 〈V〉 |

（续）

| 中　文 | 快 捷 键 | 中　文 | 快 捷 键 |
| --- | --- | --- | --- |
| 标尺 | 〈Ctrl+R〉 | 铅笔 | 〈P〉 |
| 删除辅助线 | 〈Alt+E〉 | 粗体 | 〈Cmd+B〉 |
| 成组 | 〈Cmd+G〉 | 斜体 | 〈Cmd+I〉 |
| 解开组 | 〈Cmd+Shift+G〉 | 下划线 | 〈Cmd+U〉 |
| 圆 | 〈O〉 | 文本增大 | 〈Cmd+Alt++〉 |
| 矩形 | 〈R〉 | 文本减小 | 〈Cmd+Alt+–〉 |
| 圆角矩形 | 〈U〉 | 更换字体 | 〈Cmd+T〉 |
| 直线 | 〈L〉 | 将文本转为轮廓 | 〈Cmd+Shift+O〉 |
| 文字 | 〈T〉 | 左对齐 | 〈Cmd+Shift+{〉 |
| 新建画板 | 〈A〉 | 中对齐 | 〈Cmd+Shift+、〉 |
| 视图放大 | 〈Cmd++〉 | 右对齐 | 〈Cmd+Shift+}〉 |
| 视图缩小 | 〈Cmd+–〉 | 特殊字符 | 〈Cmd+Ctrl+空格〉 |
| 实际尺寸 | 〈Cmd+0〉 | 中心显示所有项目 | 〈Cmd+1〉 |
| 视图匹配选择项目 | 〈Cmd+2〉 | 中心显示选中项目 | 〈Cmd+3〉 |
| 局部放大 | 〈Z〉 | 隐藏显示图层 | 〈Cmd+Alt+1〉 |

## 2.2 设计的方法论

设计是什么？很多人都会不假思索的想到，设计其实就是解决问题的一种方法。这样的说法是最为公认的概念，进一步的讨论可以发现，根据人们的视角不同也会对设计存在于很多不用的理解。

作者认为设计其实是一个矛盾体。就拿视觉设计来说，仔细回顾一下在进行视觉设计的功能工作流程就会发现，设计和艺术最本质的区别是在于“自我”与“他我”的区别。艺术更多是表现和抒发自我的情感，而设计是为了服务用户，出发点不一样决定了其不同的工作展开方式。

但设计与艺术也有共同点，即都要围绕一个主题区进行发散的思维，每位设计师根据同一个主题可以设计和构思出不同的设计结果，这就是设计比较麻烦的地方了，看似没有一个固定的结果来约束和参考。甚至可以做一个比喻，设计更像是“带着镣铐跳舞”，因为视觉设计师在进行创意表现的同时还需要考虑规范性的束缚，因为后期设计师一切的设计结果都需要工程师的开发来实现，所以才会出现各种不同的设计规范和设计方式。例如，利用参考线进行创作的栅格化设计就是一个典型的诠释（图 2-21）。

思维与创意本是无形的、开放的甚至是无束缚的，但最终需要落地，以规范性展示出来，这本身就是一个矛盾，而设计的难点也就在此，如何在满足用户需求的基础之上平衡这两者的矛盾，是衡量一个视觉设计师非常重要的标准。

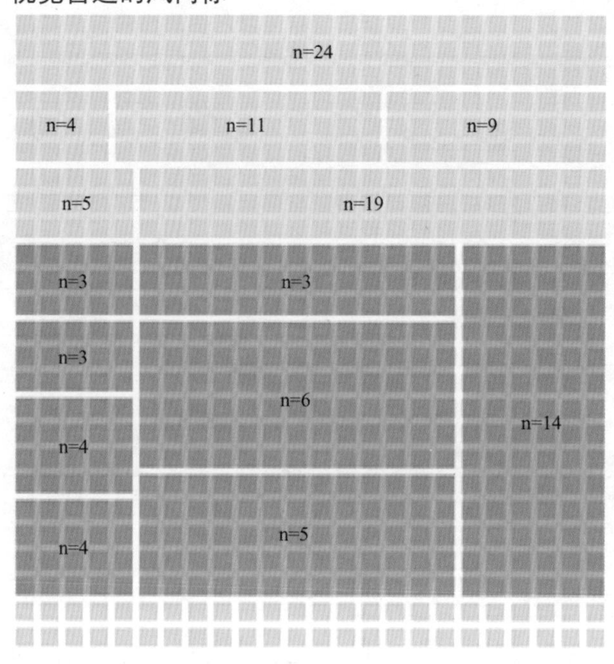


图 2-21（图片出自 http://www.shejidaren.com/shan-ge-hua-yu-bi-li.html）

对比产生视觉张力，这种手法是视觉设计非常重要的一种手段（如图 2-22），例如，在进行文字排版过程中会发现，当按照信息层级的传递来区别标题文字，副标题文字以及正文文字的话，使其产生大小，粗细，颜色甚至疏密程度的变化，文字在传递过程中就会显得更加有灵动性（图 2-23）。

图 2-22

何为对比？其实具象一点儿说便是大与小，粗与细，明与暗以及稀疏与密集之间的穿插，实则就是需要设计师能够在这些矛盾体中来回跳转，寻求在差异化中的一致性，最终的目的就是要产生视觉张力。

对于视觉设计来说，很多人都会感觉视觉设计看似是没有一个标准的答案和规范来进行束缚。而这一点也成了很多视觉设计师在刚刚进入到这个行业时阻碍其成长的一个非常棘手的问题。很多的设计师在初入行业根据用户需求进行创意表现的时候，就发现很难抛开参考独立完成设计。为什么会出现这样的情况呢？其实原因很简单，就是因为缺少对于视觉设计最本质的分析。甚至有些工作两年以上的视觉设计师仍然无法突破视觉表现效果的瓶颈，其原因也是如此，就是缺乏对于其技能深度的挖掘。

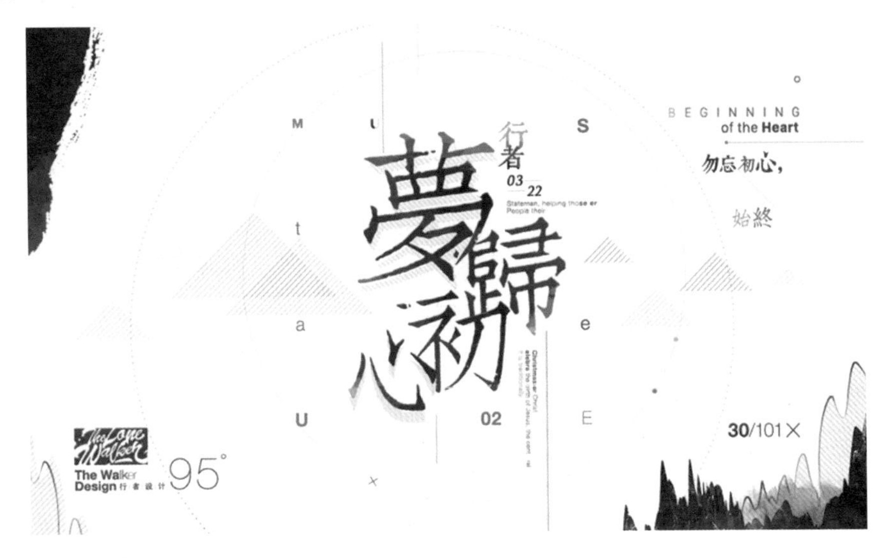


图 2-23

视觉设计有一套非常有效的方法，下面作者就给各位介绍一下。从而使大家在针对产品以及用户需求设计视觉表现的思路和方法上变得更加清晰。有一套明确的方法论来作为引导一定会比在黑暗中无方向的摸索要更加的有效和轻松。

以移动界面为例，先来看一些页面效果（图 2-24）。

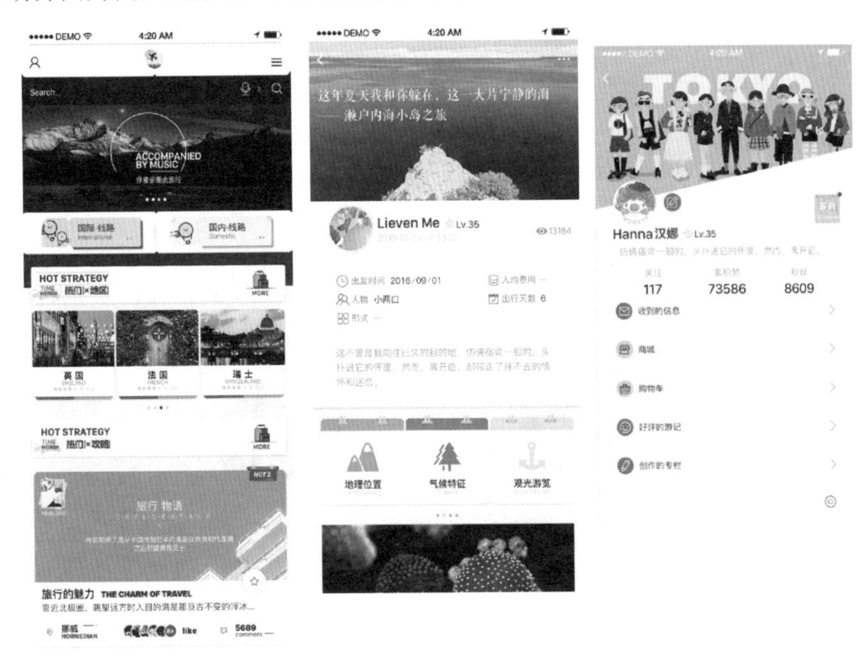


图 2-24

通过图 2-24 的页面可以发现，它所展现出的视觉效果相对比较丰富。页面的视觉设计过程中，很多初级设计师所面临最大的困难，就是如何在平衡用户需求以及开发的基础上，去丰富和优化界面的视觉效果。在这个时期确实是一个不可回避的难题。当碰到一个比较棘手的问题的时候，不妨把这个问题拆解成若干的小问题来去逐一解决。那么就能清晰地看到构成这个问题的因素有哪些，并且逐一进行分析和总结，或许就能够针对界面设计得到一些比较可行的解决方案帮助进行视觉设计。

总结一下，产品界面的视觉设计其实可以分为以下几个组成部分，布局、文字、配色、图片、图标、线条、细节以及规范性。也就是说设计师能够平衡好这几个元素，根据每一个元素都能够建立起一套有效的方法论的话，那么实现用户界面的视觉效果就有希望了。并且这些元素在构成用户界面视觉效果的同时，彼此之间存在着此消彼长的“守恒关系”，当其中的某个元素消失的时候，为了保持界面的美观，需要设计师对于剩余的视觉组成元素的塑造更加深入才可以。

举一个形象的例子，当一套界面设计的视觉组成元素全部都消失，只剩下文字的话，那么在这个时候就需要设计师能够具备极高的文字排版以及界面板块划分的能力。这也就是为什么会有“越简单的设计效果反而越难做”的说法，例如下面页面中所展示的视觉效果（图 2-25）。

图 2-25

下面将分别从组成视觉元素的各个部分出发为读者逐一分析和解读，来帮助设计师针对不同的视觉构成元素，采用不同的对应方法，从而优化视觉设计的效果。

首先从常用到的移动端布局方式进行分析，因为布局方式大多会在交互流程中低保真图绘制时进行使用，而交互设计的低保真图又是视觉设计非常重要的衔接部分。所以，界面布局方式的丰富，细致非常重要。接下来，就移动界面中常用到的布局方式逐一介绍和分析，并且会介绍对每一种布局方式的视觉效果进行延展和设计的好方法。

# 2.3 大平移式布局

## 2.3.1 移动界面的布局方式

对于移动应用产品的定位、交互设计以及后期的视觉设计来说，布局方式尤其重要。产品的前期设计流程以用户定位、市场分析、竞品分析、功能托补以及低保真等流程组成，也就是所提到的交互设计流程。那么，只有在交互流程完善的基础之上才能够顺利进行视觉设计相关的工作，所以，对于这一章节所要提到的布局方式就像是人的骨骼一样，支撑起整个页面的信息展示区域以及页面信息传递的脉络（图 2-26）。

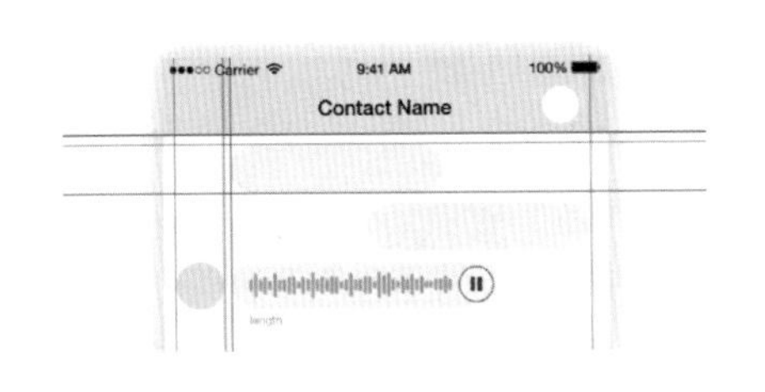

图 2-26

那么，这些布局方式最初更多用于交互阶段中低保真效果图，用于显示界面内容的框架以及信息内容摆放的位置。然后视觉设计师再根据交互低保真图的基础进行视觉效果，也就是高保真效果图的制作。框架和布局好比是骨骼，视觉效果更像皮肤和穿着（如图 2-27）。所以，低保真的布局框架起着链接交互设计和视觉设计的重要作用，是每一位视觉设计师都必须要重点掌握的内容。

本章提到的移动界面的布局方式，主要包括大平移式布局、列表式布局、宫格式布局、侧滑式布局以及标签式布局等常用的布局方式，并且基于这些布局方式，重点讲解如何运用视觉设计的手法完成界面设计，使其能够更加美观地展现在产品的高保真页面中。本章所提到的布局方式具备一些优点，但也会有一些缺点存在，需要在设计产品的过程当中，将这几种布局方式搭配起来使用，实现布局方式功能上的互补和优化，从而达到对信息的合理梳理并快速传递给用户，从而提升用户体验。好的布局方式就像储物盒一样，可以更加清晰合理的规划产品的信息内容。

图 2-27

布局方式可以运用于各种产品和平台中，但是嫁接在这些布局方式基础之上的视觉界面则会随着产品的用户人群的需求与特点、行业的特征以及产品的视觉形象而千变万化。

## 2.3.2 关于大平移式布局

首先介绍一下大平移式布局，它是移动界面中比较常见的布局方式。

大平移式布局主要是通过手指横向滑动屏幕来查看隐藏信息的一种交互方式（图 2-28）。

图 2-28

由于交互方式不断优化，用户越来越追求页面信息量的丰富和良好的操作体验之间的平衡，大平移式布局越来越被设计师所青睐，也成了展示延展性的隐藏信息时常使用的布局方式。因为它通过手指的左右滑动，可以横向显示更多的信息，从而有效地解放了手机屏幕的横向显示。

对于手机屏幕来讲，本身屏幕较小，所以页面信息的广度更多是在纵向区域来进行展示的，大平移式布局的使用使得信息在手机屏幕的横向延展变成了可能，非常有效地增加了手机屏幕的使用效率。

这种交互操作效果最初是在 Windows Phone 系统中被频繁体现出来（图 2-29）。这种设计形式使页面的层级结构变少，用户避免了一次次地在一级和二级页面之间切换。

图 2-29

那么对于 iOS 平台来说，随着 iOS10 系统的逐步更新，对于手机屏幕横向空间的利用也变得更加频繁。在新版本 Apple Music 当中，将现有的每个信息卡片中的推送内容变成了以大平移式布局为主的左右滑动以浏览更多内容，替代了原先每块只展示一个卡片堆叠效果的形式。

相比之前的版本，将并列的信息在当前界面浏览，无形中扩展了屏幕的空间，减少了由于信息叠加过多而造成用户浏览信息的成本消耗，使得信息展示更加清晰，容易阅读，也减少了页面的跳转，增加了信息在横向显示的维度，让交互方式变得更加的扁平（图 2-30）。更多的是针对所服务的系统来进行第三方应用的设计和开发，那么随着 iOS10 的更新，大平移式布局在产品中的应用相信会越来越多（图 2-31）。

旧版本

新版本

图 2-30

图 2-31

## 2.3.3 大平移式布局的用途及使用方法

一切界面的视觉设计要以规范性以及风格一致性为基础。对于大平移式布局来说主要将其运用于以下几种情况：

首先是闪屏页，又称加载页。当手机 APP 升级之后，用户往往会看到这个页面，当重新打开应用时会发现产品会围绕新功能通过闪屏页来进行展示。案例展示为 APP 创意生活的闪屏页的制作样稿（图 2-32）。

图 2-32

像这种类型的闪屏页面数量通常不能太多，因为闪屏页直接展示信息详情，用户只能通过手指横向滑动来观看，无法实现跨页面浏览。如果页面过多的话，会导致用户心理产生负面情绪从而影响用户体验，所以其页面数量大多不超过 5 张，并且页面下方须加入示意页面数量的控件加以提示。

当然，有些产品也会意识到这个问题，于是在闪屏页的左右上角加入类似“跳过”的控件，可以忽略这个步骤，直接进入产品开始体验和使用（图 2-33）。一般这种情况下，闪屏页包含信息较多，往往需要用户用手滑动完成闪屏页的切换和跳转。

图 2-33

其次是推荐信息和定制方案的展示，大平移式布局使页面信息的横向维度变得更加充裕，但是在显示信息推荐卡片时由于其交互方式以及信息展示的局限造成了查看每一个信息卡片的时候只能逐一查看，无法实现跨页查看，所以其显示的信息数量一般较少（如图 2-34）。

图 2-34

对于一些小而精的信息可以考虑使用大平移式布局，比如定制型的信息推送，如今 APP 的个性化定制已经形成一个非常成熟的设计思维，例如“Boss 直聘”以及“Apple Music”都会通过产品调研用户的具体需求来推荐和用户匹配度极高的信息供用户来选择，从而提升用户体验。

“Boss 直聘”中的“快速匹配”功能即是如此，该功能会从很多的招聘信息中筛选出和用户匹配度极高的招聘企业信息来推送给用户，从而增加应聘成功率。每天智能推送 20 条信息，不会因信息过多而造成用户阅读信息时的厌烦情绪，有很多类似的 APP 也是这么做的。“爱食记”手机 APP，是正在开发的一套 O2O 订餐类型的产品，其中这一页展示的就是餐品推送页面（如图 2-35）。

一般在设计大平移式布局的时候，主要根据卡片式设计手法进行设计，这样会给用户一种现实操作感，就像是在真实滑动一张张的卡片似的，体验感会更加优化。

那么在设计大平移动式的卡片的时候，最好是能够考虑到圆角的大小以及投影等各个参数的效果，以使视觉设计更加优化。

首先，如果针对的是 iOS 平台的话，圆角大小建议控制在 5pt 以内，如果是 Android 的话，那就按照 Materail Design 的要求，卡片圆角统一成 2dp 即可。对于投影来讲，最好是 90° 的投影方向，投影的效果最好不要太过于明显。在针对卡片进行设计的时候还需要考虑到卡片中内容所放置的区域，大致去掉圆角范围以内的区域就是可以放置信息的合理区域（如图 2-36）。按照这样的思维可以结合产品的需求设计出效果出众的大平移式页面。（如图 2-37）

图 2-35

图 2-36

图 2-37

## 2.3.4　大平移式布局的优缺点

a）以展示推荐类信息为主，可以结合卡片的设计手法来展示大平移的视觉效果，推荐信息，个性定制推送信息，功能展示性卡片时更多会被用到。

b）减少页面跳转，操作简单易上手，只需根据左右滑动即可完成操作，查看更多信息。

大平移式布局本身也存在一些缺点，主要表现在信息展示的数量不可过多，无法实现浏览信息卡片时的跨页跳转，否则会使得用户在浏览信息时产生厌烦情绪。所以需要能够结合其他的布局方式来进行弥补，比如在大平移式布局页面中加入缩略信息来帮助页面的快速跳转，以弥补大平移式布局本身带来的不便。所以，最好是当推送信息少而精的时候使用大平移式布局。

## 2.4　宫格式布局

随着智能手机的快速普及，很多互联网工作者也开始逐渐由 PC 端为主导的网页设计向移动界面设计转型。以界面视觉设计师为例，当设计师逐步从已经形成意识与习惯的网页设计的工作方式转化为移动界面设计的时候，很多认知都要发生巨大的转变，比如产品思维、交互方式以及设计规范等。但是，也有一些设计方法被很好的保留与继承下来，继续在移动界面设计中充当重要的角色。

宫格式布局就是其中之一，宫格式布局是指以矩形卡片为划分的页面布局效果，通过九宫格、六宫格、四宫格、八宫格等方式传递信息（如图 2-38）。

图 2-38

宫格式布局大致可分为规则和不规则的两种形态进行展示（如图 2-39），主要用来传递以图片、视频和功能分类为主的信息。这种布局方式可以单独形成一页的布局，也可以做为页面布局的一部分和其他布局方式进行配合使用。

宫格式布局是由网页设计中的以展示图文列表页为主的布局方式逐步演变到了移动界面中，并且成为最主要也是最常用到的布局方式，同时也可以被很多初级的手机应用的用户所掌握，从而在产品设计过程中付出很低的学习成本便可以轻松操作。所以，宫格式布局非常适合各种初级用户使用。宫格式布局在现有的三大移动端系统平台中被频繁使用，在 iOS 和 Android 的 Material Design 中，宫格更多以信息卡片的形式出现（如图 2-40）。

图 2-39

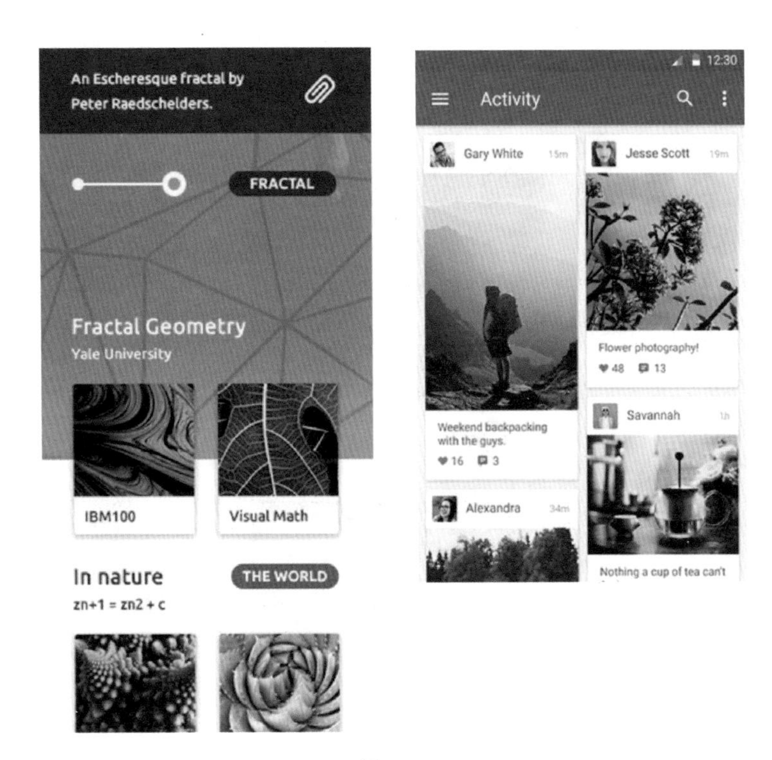


图 2-40

前文提到，宫格式布局是最常见的一种布局方式，也是符合用户习惯和黄金比例的设计方式。在各种第三方开发的安卓系统中，锤子科技开发的 Smartisan OS 采用宫格式布局作为其系统设计语言中经典元素被大家熟知（如图 2-41）。

图 2-41

例如锤子 ROM 的桌面启动器（Launcher）就是主菜单，通过菜单键进就能进入管理图标的界面，可以显示 36 个应用程序，这样一来，在不同分页之间挪动图标变得更简单，并且支持整屏隐藏应用图标。不过纵观现有手机界面，这样的 36 宫格很少见。

再来看微软的 Windows Phone。在 Windows Phone 系统中，以动态磁贴（以矩形色块为主的功能信息模块）为主的视觉设计风格给人们眼前一亮的感觉，结合扁平化风格以及栅格化设计手法也给宫格式布局的设计融入了新的设计语言，后来这种设计语言也被使用到了 2012 年微软推出的 Window 8 系统中，从而被更多的用户认识和学习（如图 2-42）。

图 2-42

不可否认的是，Windows Phone 的设计语言将扁平化设计带入了互联网视觉设计的范畴中，并逐步成为现今主要的视觉设计方式，也一度成为丰富和美化界面设计的主要设计手法之一。

以上是对宫格式布局发展及应用的介绍，下面将就如何将视觉设计的手法融入宫格式布局设计，给大家列举一些方法。

## 2.4.1 宫格式布局的视觉表现方式

宫格式布局主要用来展示图片、视频列表页以及功能页面。所以，宫格式布局更多的会使用经典的信息卡片、图文混排的方式来进行视觉设计，同时也可以结合栅格化设计进行不规则的宫格式布局，实现“照片墙”的设计效果。

首先是宫格式布局与卡片的结合，这种方式经常被视觉设计师采纳。那么，融入信息卡片（Paper Design）将会给视觉设计带来什么呢？

首先会使得信息卡片和界面背景分离，使宫格更加清晰，同时也可以丰富界面设计，不过有时候卡片会同时容纳一个宫格的图片信息和文字介绍，但有时候也只容纳图片，将该图片的文字描述放置在卡片之外，结合图 2-43 来看一下这两种效果。

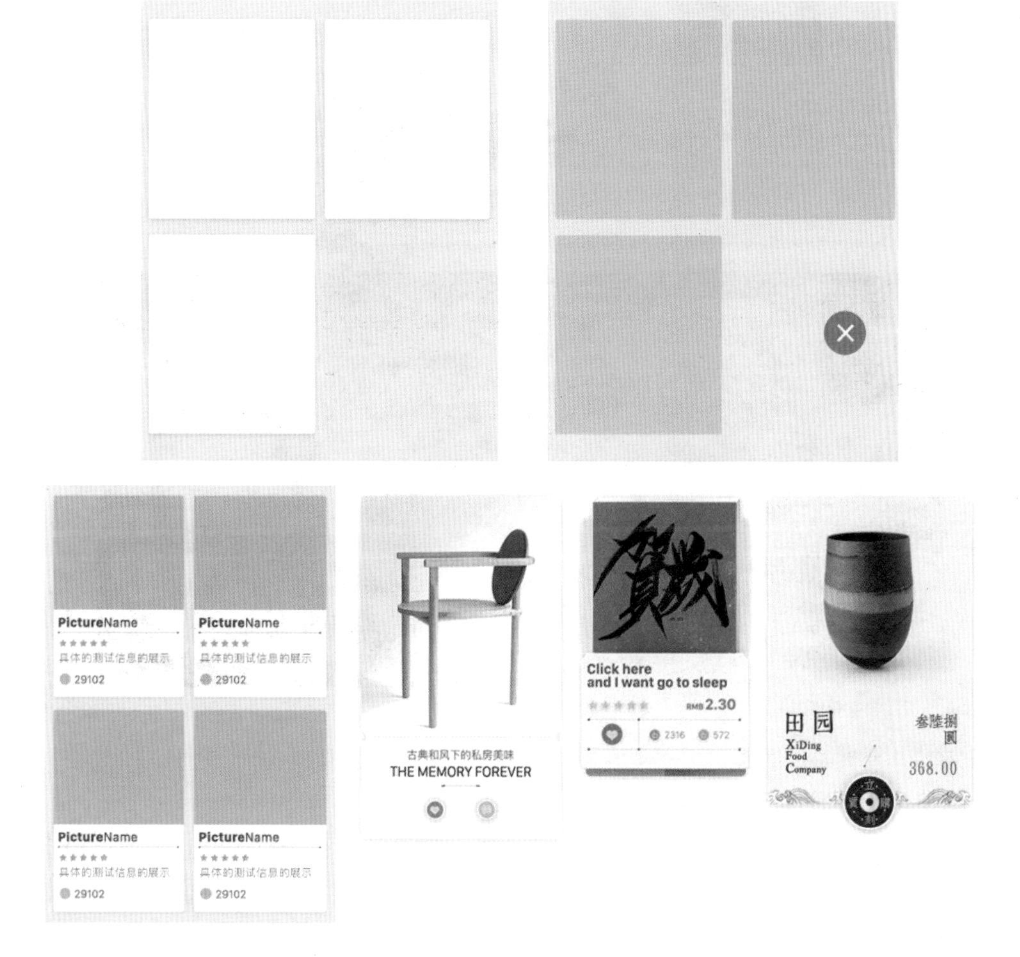


图 2-43

读者可以发现，结合了卡片的宫格式设计可以将页面的视觉层级变得更加清晰，因为卡片的颜色和投影效果可以给用户一种真实的将卡片放在手机屏幕上的感觉，在提升了用户用手指点击欲望的同时，也增加了画面的细节以及视觉元素，起到丰富界面视觉效果的作用。

那么对于卡片的设计要求，需要注意以下三点:首先是卡片的圆角使用，如果针对的是iOS 平台的话，圆角大小建议控制在 5pt 以内，如果是安卓的话，那就按照 Materail Design 的要求，卡片圆角统一成 2dp 即可。其次是投影的效果，对于投影来讲，最好是 90° 的投影方向，投影的效果不要太过于明显。最后，对于卡片的颜色选择，卡片放置在背景上面的时候，卡片的颜色最好不要比背景的颜色更深，因为元素离得越近的话，那么它就应该越明显，这样才会比较符合用户视觉识别的习惯（如图 2-44）。

图 2-44

### 1. 栅格化设计模式下的宫格式布局

这种设计方式的灵感最初来源于 Windows Phone 系统的设计语言，意在通过栅格的划分，以及栅格的合并与拆分构成界面中不规则的宫格划分效果，可以使界面变得更加丰富，那么栅格化设计随着 HTML5 的大行其道，也被越来越多的运用到了网页设计中来进行展示，以 12 栅格的划分方式为主（如图 2-45）。

图 2-45

图 2-45 中展示的是作者团队设计的企业网站的样稿，其中使用到了栅格化设计的方法，可以发现界面中的矩形元素就是由这 12 个栅格所划分出来的区域进行有序的合并之后产生的视觉效果，既丰富了画面，也会避免画面的凌乱无序。

这种方法在手机界面设计中也在使用，只是手机界面相对网页来说显得更小，不可能在手机界面中划分 12 栅格来进行设计，所以通常使用 6 栅格，或者 3 栅格来进行使用，也是为了保证每一个信息模块的手指点击区域。图 2-46 所示是栅格化设计运用在手机界面中所展示到的宫格式布局效果。

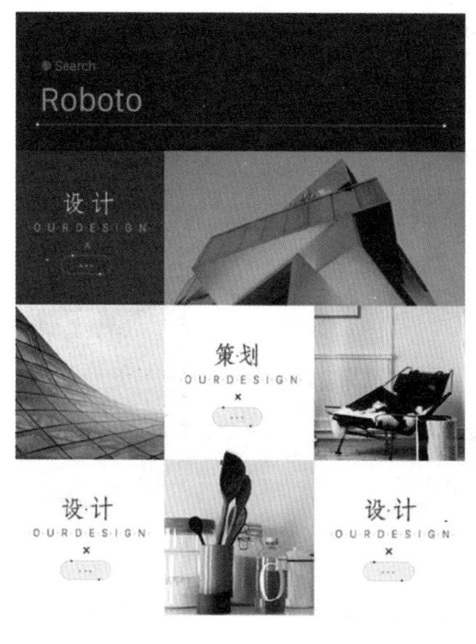

图 2-46

### 2. 瀑布流的展示

瀑布流最初是运用在网站设计中的一种图文列表页面的设计方式，在电子商城中展示产品列表比较常见。其主要特点便是通过所展示的图片让用户身临其境。浏览网站的时候只需要滑动一下鼠标滚轮，便可以查看所有的产品图片，例如美丽说、花瓣网这类型的网站便是典型的瀑布流效果网站。

在设计手机界面的时候，这种瀑布流的效果也开始不断的运用其中（如图 2-47）。瀑布流在手机移动界面设计中也比较常见，其中两列的使用次数较多，三列较少（如图 2-48）。

图 2-47

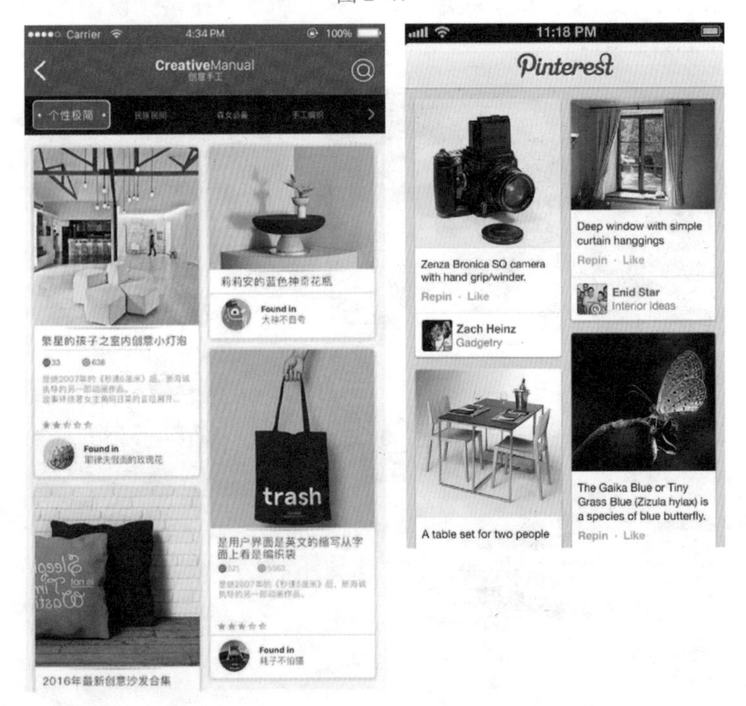


图 2-48

瀑布流对于产品图片的展现，是高效的，其快速阅读的模式可以在短时间内让用户获得更多的信息。在网页设计中使用瀑布流中其懒加载模式（下拉刷新）又避免了用户鼠标点击的翻页操作，节省了用户的操作成本，在手机移动界面中也保留了这样的操作方式。

瀑布流的主要特性是上下错落有致，确定宽度而不确定高度的设计让页面巧妙地利用视觉层级，在丰富画面的同时还可以缓解视觉疲劳，同时给用户一种别样的体验。相对于宫格式布局来讲，其易用性的特点成为用户最喜爱的操作方式，同时也是设计师经常使用的界面布局方式。

### 2.4.2 宫格式布局的优缺点

宫格式布局的优点有以下两点:

- 布局效果简单，信息传递直观，极易操作，适合初级用户的使用。
- 丰富页面的同时，展示的信息量极大，是图文检索页面设计中最主要的设计方式

宫格式布局的缺点在于其展示的是以检索页面为主的信息内容，本身信息量巨大而造成了用户在查找具体信息的相对比较困难，所以需要结合其他的布局方式来进行功能上的弥补和配合，但是不容否认，宫格式布局依然是界面设计中不可忽视的布局方式之一。

## 2.5 侧滑式布局

侧滑式布局，也称作侧滑菜单，是一种在移动页面设计中频繁使用的用于信息展示的布局方式，不管是事务类型的 APP，还是效率或者生活类 APP，采用侧滑式布局都比较常见。而且，侧滑式布局也因为 Path 2.0 以及 Facebook 为很多开发者所熟知。

如果说，宫格式布局是从网页时代就开始出现，之后通过网页设计影响到手机移动界面设计的话，那么，侧滑式布局可以说是根据手机屏幕的特点影响到视觉设计的布局方式。

手机界面的侧滑式布局大多是通过点击图标查看隐藏信息的一种方式，在侧滑式布局中通常会有一个按钮，就是“汉堡包”按钮（如图 2-49 所示）。

图 2-49

通过使用手机 APP 能够发现，侧滑式布局的视觉效果通常是通过一个图标的点击来进行呼唤的，那么为什么侧滑式布局在手机界面中显得如此重要和独特呢？这就需要再次总结一下手机界面的特点了，因为对于移动端手机界面来说，不论是使用的场景、交互方式媒介

以及产品界面的规范性都有着明显的区别。

## 2.5.1 手机界面的特点

- 手机界面小而精致、易操作，所以需要设计师在信息展示、视觉效果以及人机交互体验这三方面寻求一个平衡点。
- 要尊重用户操作习惯，尽可能减少用户的学习及操作成本。
- 要保持产品设计版本的风格以及控件规范的一致性。
- 手机界面的刷新方式以“页面刷新”为主。

由于手机界面使用场景碎片化严重，并且现有的手机界面的屏幕尺寸大多在 4.0～5.5 英寸之间，以单手操作为主，所以需要在信息展示需求大和手机界面偏小这两者之间找到一个合理地解决方案。

## 2.5.2 侧滑式布局简介

侧滑式布局恰恰可以为手机界面设计提供合理的解决方案。例如 QQ 音乐和酷狗音乐，其产品中的个人中心功能需要出现在首页，并配合首页的其他功能使用，但是手机的界面相对较小，并且大多是竖屏使用。所以无法在首页的区域加入个人中心这样庞大而复杂的功能，这个时候就需要点击个人中心图标或“汉堡包”图标，通过侧滑式菜单的出现隐藏之前的页面，从而展示新的页面（如图 2-50）。

图 2-50

侧滑式布局更像是一扇推拉门，通过点击图标展示的信息布局效果，其展示的内容一定是和当前页面或者当前产品密切相关，而当前页面又无法容纳的信息群或一些辅助功能。

使用侧滑式布局可以发现，它极大地减少了页面的跳转及页面长度，在页面展示信息的深度和广度方面达到了平衡。这是因为对于同样大小的一块区域它可以利用两次展示不同的信息，基于这一点，侧滑菜单的这种布局方式成为手机界面中不可缺失的一种重要的布局方式。但是，侧滑菜单需要手指点击图标后才能看到具体展示的信息，所以这种布局方式所展示出来的信息属于典型的隐藏信息，需要用户建立在了解产品的基础之上才可以顺利完成操作，所以用户需要付出一些学习成本才能发现这一功能。

因此很多用户初次使用 APP 时，都会把当前调取侧滑布局的按钮显示得非常明显，以引起用户的注意，比如提示性的语言或者结合动画效果等方式来实现。侧滑式布局并不只是使用在手机页面的布局方式，Pad 端经常使用侧滑式布局，由于平板电脑的使用更多以水平方向为主，所以阶梯式或者层级卡片式布局成为了平板电脑界面布局的特点。以 iPad 为例，在其控件中有一个叫做“侧边栏”的控件，是用来展示页面的主要功能集合的一个常用控件，其功能与所看到的侧滑式布局非常相似，最左边的竖导航便是侧滑栏的视觉效果（如图 2-51）。

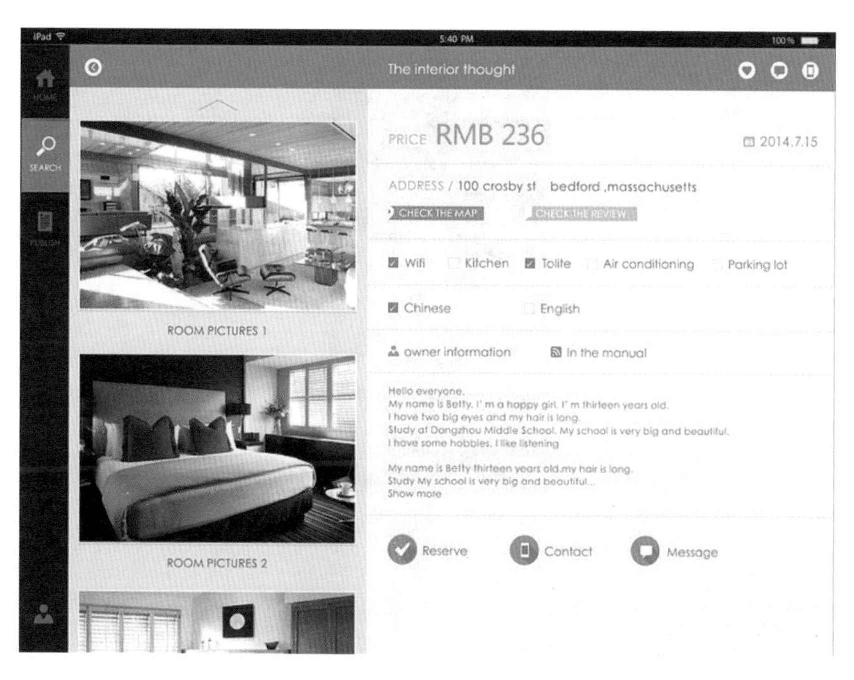


图 2-51

对于侧滑式布局来说，点击呼唤出隐藏信息是最典型的交互方式，大多数情况，从左往右进行侧滑的方式比较常见，从右往左的侧滑也有，不过较少，这主要是要考虑到手机点击的习惯以及从左向右进行侧滑的效果比较符合用户的使用习惯。

那么在侧滑菜单出现以后，之前显示在屏幕中的页面就会像推拉门的效果一样，往左侧滑并消失到只显示一小部分。总结一下，侧滑式布局通常会以这几种效果为主（如图 2-52）。

图 2-52

这几种效果，有使用推拉门效果的，也有使用景深效果的，甚至有些还会给已经被隐藏的原页面加入投影来展示元素的层级关系。不管用什么方法，都可以清楚的看到，当侧滑效果被呼唤出来的时候，要让侧滑显示区域与原先的页面之间产生很大的区别，普遍的侧滑菜单均是如此。

区别主要表现在显示区域以及显示区域背景色这两部分。首先，侧滑菜单区域要占据当前屏幕的绝对主导，（如图 2-53）。

图 2-53

其次，从视觉上来说，侧滑式布局所产生的侧滑菜单，最好使其背景色和原页面能够产生层级上的变化，这样的话，信息传递才会有一个明确的优先关系。一般的视觉营造手法是将两者区分开来，假如原页面的背景色是以浅色为主，那么侧滑菜单的背景色最好使用深色来代替或者使用投影来区分两者之间的关系（如图 2-54）。

在本章开始的时候也提到过，对于现有的各种布局方式来说，每一种布局方式都有其优缺点，所以，这些布局方式需要配合使用，会更方便信息在产品中的规划与传递。

下面，举一个常用侧滑菜单的案例。当设计侧滑菜单显示到个人中心的时候，可以结合列表或者宫格式排布来展示当前个人中心中的一些设置选项和功能，这样既可以丰富画面，也可以让产品传递信息时更加的清晰以及易操作（如图 2-55）。

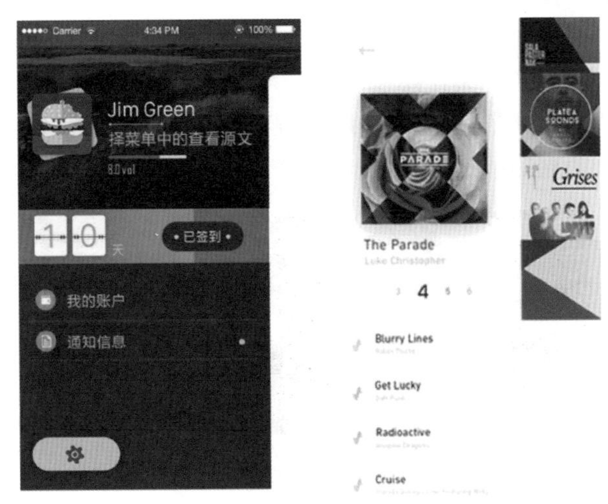


图 2-54

图 2-55 就是列表式布局和宫格式布局在侧滑菜单中的一个应用的实际案例。所以，不同布局方式的混合使用，在功能上实现互补，在视觉上更加丰富，才是掌握界面布局方式的真实目的。

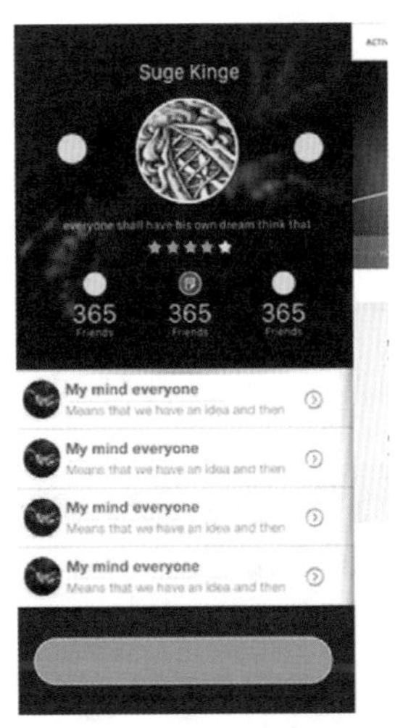


图 2-55

侧滑式布局主要是运用在需要展示隐藏功能或者信息群的时候，那么侧滑式布局的优缺点有哪些呢？

## 2.5.3 侧滑式布局的优缺点

减少界面跳转和信息延展性强是侧滑式布局的最大优势。其次，该布局方式也可以更好地平衡当前页面的信息广度和深度之间的关系。侧滑式布局所展现出来的信息，也就是所说的侧滑菜单，在操作之前并没有显示在当前页面。所以，侧滑式布局展示的内容属于隐藏信息，需要产品对于当前功能给予用户一些提示，以减少用户的学习成本。对于侧滑式布局的展示效果也是很多设计师一直在重点发掘的，以增加一些交互上的新意或趣味性，主要也是为了提升用户体验。因为对于视觉设计来说，如果只完成视觉效果，不考虑交互和动效是不完整的。所以现在越来越多的公司在视觉设计和开发之间会加入动效设计这样的流程来针对产品页面以及控件之间的跳转进行设计。在实现侧滑式布局交互效果时，比如折纸效果，弹性效果或者是翻页动画效果等都是侧滑式布局经常会使用到的动效展示（如图 2-56）。

图 2-56

以上所展示到的便是侧滑式布局动效静态页面的展示效果，希望视觉设计师在设计页面效果的同时也可以考虑到动效的展示，给用户一个全方位体验。

## 2.6　列表式布局

竖排列表式布局是手机界面布局方式中最常用的布局之一。正如前面所说到的宫格式布局，列表在移动界面设计和交互布局中占的比重非常高，包括表单列表、信息综合展示列表、菜单栏目列表、对话列表、功能整合列表、数据展示型列表等等。那么在不同的情况下以及不同的信息内容特点下该如何呈现列表式视觉设计才算是较出色的设计？下面将对于列表式布局的设计分享一些经验之谈（如图 2-57）。

图 2-57

手机的列表式布局可以很好地利用每一块手机屏幕。众所周知，自从大屏智能手机开始兴起，易用高效是用户体验的最基本要求。相较于 PC 端网页，手机的屏幕仍然是很小的。市场中普遍流行的智能手机和平板常见尺寸为 4～12 英寸左右，苹果专业级平板电脑 iPad pro 也只有 12.9 英寸。手机尺寸更小，一般常见的手机屏幕尺寸在 4.0～5.5 英寸之间，而 PC 显示器的常见尺寸为 13 英寸以上，所以手机的使用环境和用户体验较 PC 端有着明显的区别。

列表式布局通常都会把屏幕划分成若干等距的矩形来显示集群式的缩略信息，就像是宫格式布局，列表式布局主要用于显示导航分类或者二级页面的缩略信息。二者区别在于，二级页面中的宫格式布局主要是用于展示以图片信息为主导的缩略内容，而列表式布局适合展示以文字为主或信息标题为主的一些缩略信息。例如新闻列表、联系人列表、聊天列表等。

## 2.6.1 列表式布局的特点

1）信息构成模式一致；

2）信息展示内容较少且以文字为主的展示信息占主导；

3）模块化展示信息较多（如图 2-58）。

图 2-58

## 2.6.2 列表式布局的设计方式

常见的列表式布局主要由信息标题为主导按自上而下的顺序排列展示，非常适合初级手机用户操作和使用。可以说，列表式布局从低保真角度来说非常简单，但是当需要根据用户特点、行业以及企业形象和产品风格进行高保真视觉设计时，这种设计模式就变得不合适了。因为对于一名合格的视觉设计师来讲，把交互低保真图的产品骨架变成高保真效果的过程是一种重要的能力，它需要考验设计师对于规范性、文字排版、信息版面划分以及图文搭配和细节把控等综合能力。下面来介绍一些制作列表式布局的好方法。

### 1. 一切界面设计都要建立在规范性的基础之上

在界面设计中规范性是非常基本又非常重要的准则。对于一名视觉设师来说，不论是平面设计还是界面设计，设计规范性的把控是非常基本的设计意识要求。

很多成熟的设计师会在制作效果图之前或者在制作高保真效果图的时候下意识想到的一个画面，设计元素之间的间距把控和调整是界面视觉设计最基本的要求。因为对于一款产品来讲，当视觉设计完成之后，要进行开发与功能的实现，所以对于像素的规范性设计是必要的，所谓设计师的“像素眼”就是这个道理。

同类型的元素与视觉元素的边距关系应该保持一致，例如图 2-59 中的“a”间距一致，应该把列表中的元素水平居中对齐，也就是列表内容中的圆形头像区域以及最右侧角标文字与列表边缘的距离要保持一致。代表上下间距的“b”和“c”意思是一样的道理，也就是说，列表中的文字和图片信息要相对于列表本身要进行水平和垂直的居中对齐，这就是在规范性约束下的界面设计，这是视觉设计中最基本的要求。

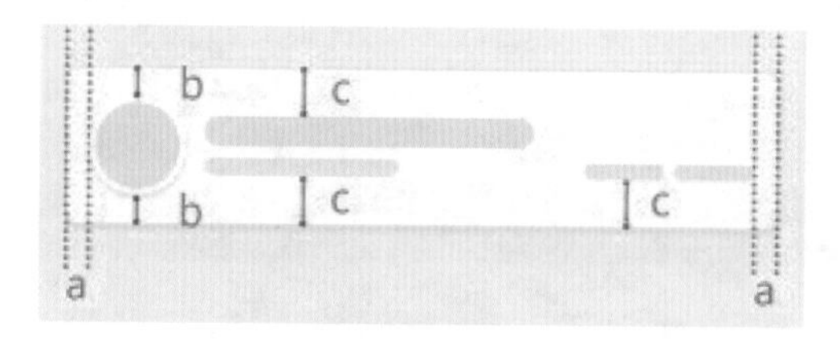


图 2-59

### 2. 合理规划视觉元素，搞清元素的群集关系

就像是本章一开始提到的，视觉设计其实就是在规范性的基础上，对于视觉元素的规划和把控，例如列表式布局，就讲究元素之间的合理把控以及集群关系（如图 2-60）。

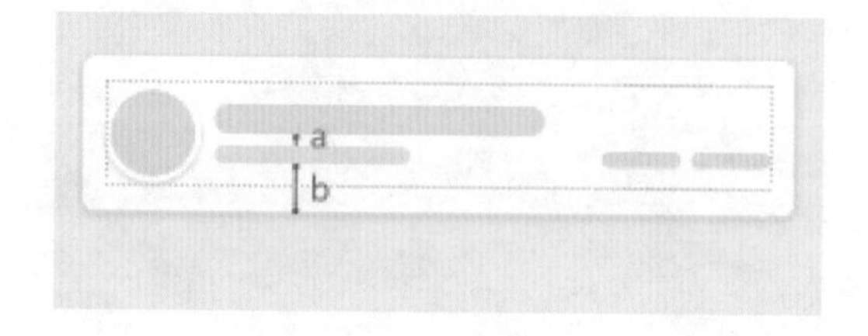


图 2-60

图 2-60 中的视觉元素可以分为圆形图片区域、主标题区域、副标题区域以及角标区域四大区域，可以把他们统称为内容信息。它们存在于列表的范围之内并且聚集组成一个形体，也就是看到的矩形虚线框内的范围，b 代表元素距离列表边框的距离，a 则是主标题和副标题之间的距离，在设计时应注意把这两个距离按照元素关系控制为 a<b，视觉元素的摆放位置关系才会变得合理，否则就会变成图 2-61 这样的情况，肯定是不对的。（如图 2-65）

图 2-61

3. 在良好的规范性和合理的视觉元素群集关系基础上进行视觉元素的扩展

若列表元素规划能够达到以上要求的话，就可以进行从低保真图到高保真图的转化（如图 2-62）。首先，进行高保真设计的时候，可以根据已经规范完成后的低保真图进行延展，就像是建筑设计一样，最初都要把建筑蓝图进行规划后才可进行后期的施工（如图 2-63）。这样的道理就如同界面设计一样，把每一个元素的位置按照规范性和元素群集关系规划好之后，就可以按照这样的元素位置加入文字、图片、图标（如图 2-64）。

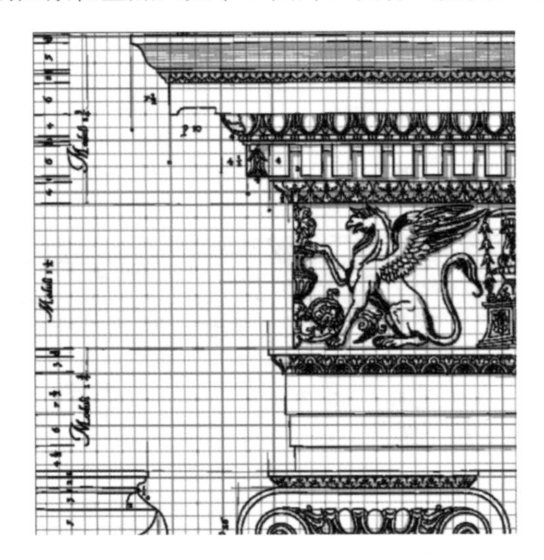

图 2-62

图 2-63

图 2-64

图 2-64 是作者团队开发的 iOS 系统应用《视力派》中的一个列表截图，在进行低保真图和高保真设转化后，在原有已调整好的布局基础之上，加入了细节，文字、图片以及少量功能延展（如高保真图中的星级展示），界面的视觉效果有了明显提升。

那么，对于列表式布局来说，手机屏幕一般是竖屏显示列表，是横屏显示文字，因为竖排列表可以包含更多的信息。列表的数量没有太多限制，通过上下滑动可以查看更多内容。

竖排列表在视觉上整齐美观，用户接受度很高，常用于并列元素的展示包括目录、分类、内容等（如图 2-65）。

图 2-65

## 2.6.3 列表式布局的优缺点

列表式布局的优点可以总结为以下几点：

- 信息层次展示清晰。内容：可展示内容较长的标题，可展示标题的次级内容，可以快速划分标题信息和内容。分组：列表项目可以通过间距、标题等进行分组，让信息层级更加清晰，那么在 iOS 系统中主要通过列表集群间距来区分列表的分组（如图 2-66）。
- 较早出现同时也是最容易接受的信息展示方式之一，很好地降低用户的学习成本；
- 也可延展更多的辅助布局方式进行信息规划，比如下拉隐藏信息的方式。

列表式布局的缺点也可以总结为以下几点：

- 容易出现视觉疲劳：同级内容过多时会增加页面的高度，用户浏览容易产生疲劳，并且造成视觉界面不丰富
- 不灵活：排版灵活性不是很高，只能通过界面的顺序，颜色来区分各入口重要程度，手法较单一。

所以针对以上列表式布局的不足，通常可以结合以下方法来优化列表式布局：

图 2-66

1）结合标签、选项卡来划分列表，在图 2-67 中的个人中心页面中“我的账户”一栏中，把列表展示区域的标题内容用标签选项卡划分，把原本很多列表内容分别放到“余额”“优惠券”“积分”三个分类中，在让信息划分得更加明晰的同时，也减少了页面的长度以及用户的视觉疲劳，提升了用户查找信息的速度，从而优化了列表式布局（如图 2-67）。

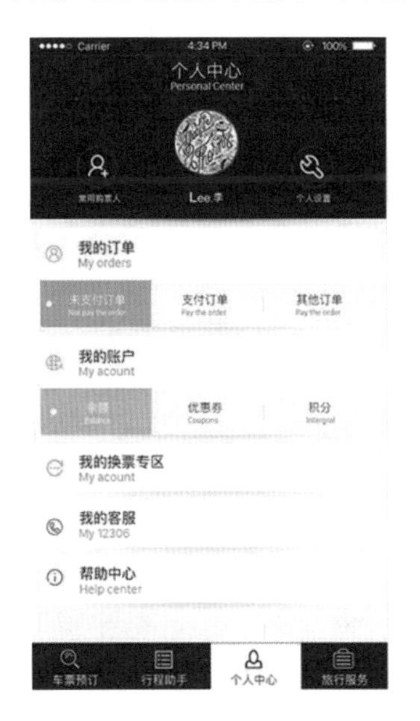


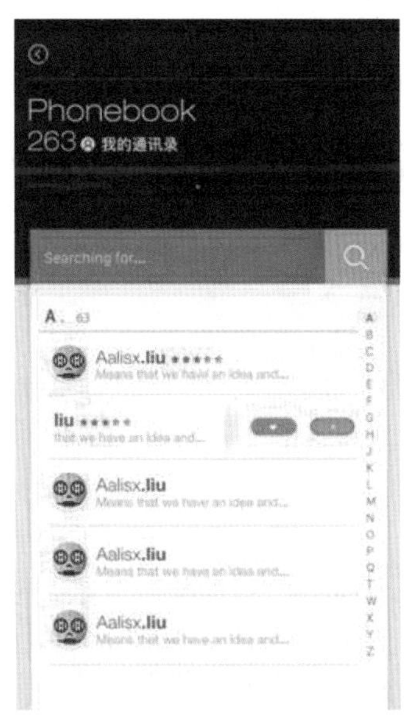


图 2-67

2）为列表式布局加入搜索框，列表内容过多会造成用户在浏览和查找信息时耽误很长时间，所以，在使用标签选项卡划分列表的同时，也可以加入搜索框，用来提高用户操作效率。比如社交移动应用中的联系人列表，（如图 2-67）都会加入搜索框来提升列表式布局的使用率，这是一种非常常见和有效的方法。

## 2.7 标签式布局

在上一节介绍列表式布局时提到了关于列表式布局的优缺点，其中讲到关于列表式布局所带来的信息量巨大，查找麻烦的缺陷时，设计师可以通过标签式布局来进行相应的优化和梳理。那么，什么是标签式布局呢？

标签式布局，又称选项卡 tab，是一种从网页设计到手机移动界面设计都会大量用到的布局方式之一，就像前面所提到的宫格式布局这一类的布局方式，都是从网页设计的范畴中沿用至手机移动界面的主流布局方式。那么对于标签式布局来说，其布局方式最大的优点便是对于界面空间的重复利用率是极高的，所以当设计师在处理大量同等级别信息模块的时候，可以使用选项卡，也就是所提到的标签式布局来进行处理是非常有效的。尤其是在寸土寸金的手机界面当中，标签式布局可以说是真正为手机界面而打造的界面布局方式之一，其易用性是不言而喻的。而且在节省界面空间的同时也可以针对于大量的信息进行处理，更像是储物盒子一样将信息分类放置，有条不紊的规划和梳理产品的信息（如图 2-68）。

图 2-68

图 2-68 中展示的是在今年年初时团队所设计的企业官网的局部视觉效果，可以看到在“学生作品”板块中，把同一区域同时划分成了“用户界面”“网页设计”“平面设计”等等以下几个版块，在减少页面高度的同时，对于当前的屏幕也进行了 5 次重复的利用，其高效率的效果可谓不言而喻。从用户体验的角度来讲，一味地增加页面的浏览长度其实并不是一个非常明智的做法，因为当用户浏览页面的时候用户的耐心是有一个限度的，当用户从上到下浏览页面时，其心理也会从仔细浏览逐渐变成走马观花式的快速查看，反而会得不偿失，在手机移动界面中，由于手机使用场景的碎片化较网站来讲更加严重，所以用户的这种心理也会更加明显，一般手机页面的长度不会超过 4～5 屏，所以利用标签式布局可以很好的解决这样的问题，在信息传递和页面高度之间的平衡提供了一个有效的解决方案。

图 2-69 是我们团队正在开发的一款关于创意生活的手机 APP 视觉设计图的局部效果，主要是针对于 iOS 9.0 以上的平台，按照 750×1334px 的设计环境进行设计。其导航栏的布局中也加入了标签式布局的效果。

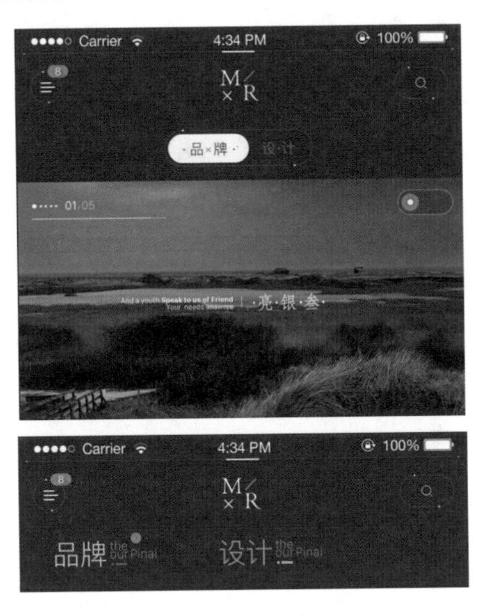


图 2-69

如图 2-69 所示的便是选项卡的使用效果，可以将首页分为“品牌”和“设计生活”两大板块进行依次展示，在合理划分信息板块的同时，也能够快速地传递出现有产品的主题信息。

类似这样的例子在手机 APP 中并不少见，比如 QQ 的“消息”版块及图 2-70 所示的运动类 APP 中的“交流”与“发现”选项卡都是体现这样的设计意图。

a)　　b)

图 2-70

在现有的三大手机平台，也就是 iOS、Android 和 Windows Phone 的原生界面中都会加入每个平台特有的选项卡效果供用户使用。

## 2.7.1 iOS 系统中的标签式布局

选项卡在 iOS 系统中的使用主要是以“分段选择控件”为主，除了分段选择控件，iOS 系统特有的底部 tab 栏也是标签式布局的另一个重要体现（如图 2-71）。

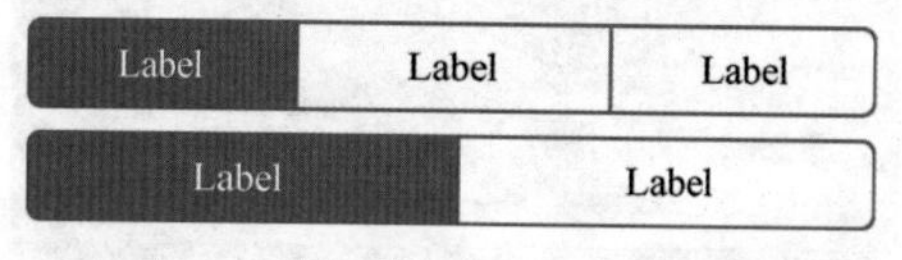


图 2-71

对于分段选择器，主要是以 4 原角矩形为主的选项卡效果，一般支持 2 或 3 类选择，有时也会有更多。它属于 iOS 原生设计语言中的设计元素，主要是为当前页面和分类进行信息划分，很多存在于 iOS 系统的第三方应用也会使用到这个控件来进行展示。例如 QQ 中的“消息”分类（如图 2-72）

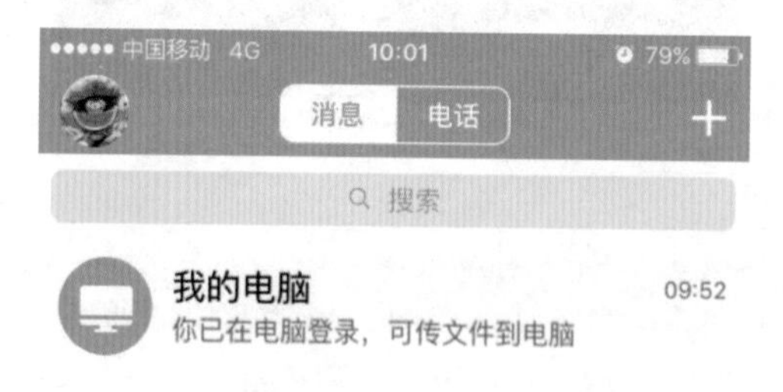


图 2-72

对于 iOS 而言，只有当前系统会把手机 APP 的导航做为 tab 选项卡放置在界面的底部，对于原生 Android 系统以及 Windows Phone 系统来讲这都是明确禁止的。主要原因还是由于 iOS 系统的导航栏并不会像 Android 的操作栏那么复杂，其次，iOS 界面的底部也不会出现类似与 Android 的三个物理按键，再次还要考虑到手指点击的舒适性，所以系统允许在界面底部出现导航栏（如图 2-73）。

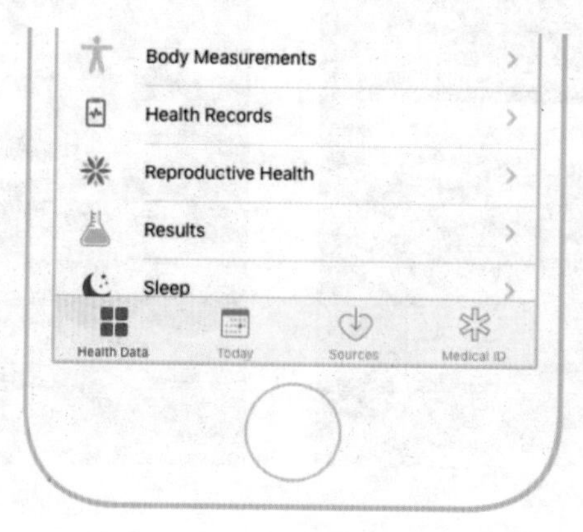


图 2-73

例如运行在 iOS 10 系统中“健康”应用的底部标签栏的视觉效果（tab）一般分为 4～5 类选项展示，并且每个层级之间的关系都是平行的，当进入到二级页面时，底部标签栏会消失，以当前页面的重要操作来代替（如图 2-74）。

图 2-74

这是一款基于 12306 平台的订票类 APP，“TRAIN”首页中可以分为“车票预定”“行程助手”“个人中心”“旅行服务”这四类功能，当进入二级页面时，其底部的所展示的内容也就变成当前具体车次信息展示页面所需要的“准点分析”“行程图”这两个功能按钮。

## 2.7.2 安卓系统中的标签式布局

对于安卓系统来讲，由于其代码开源，所以全球的安卓系统非常碎片化。在安卓系统中，开发文档中明确规定选项卡 tab 不能出现在界面底部，所以其选项卡大多会在页面顶部和操作栏下方出现（如图 2-75）。

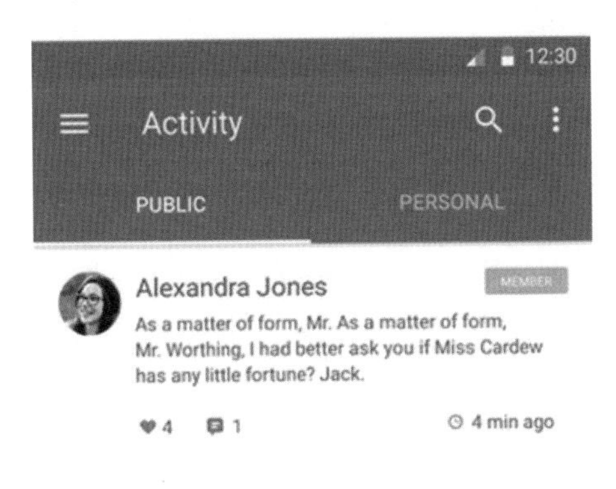


图 2-75

在安卓界面中的布局，通常通过“固定选项卡”的控件来展示，其用途也主要是对信息进行分类和梳理，如果需要，固定选项卡可以承载选项卡 tabs 用于展示产品导航，其中也可以通过图标，文字等视觉元素进行展示（如图 2-76）。图 2-76 中展示的就是固定选项卡的示意以及运动在实际案例中的视觉效果，具体关于安卓系统界面的设计语言会在后面 Material Design 章节中重点介绍。

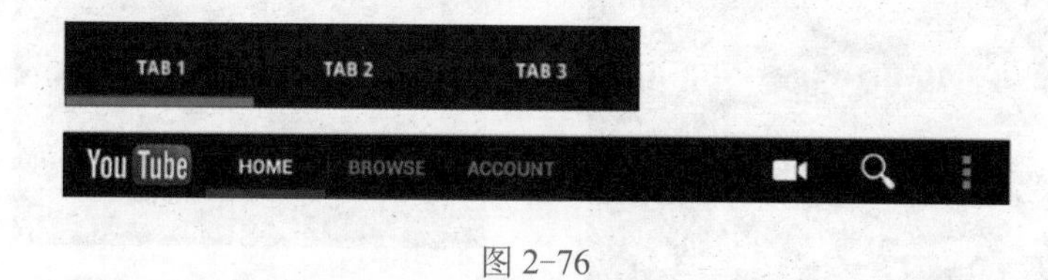


图 2-76

## 2.7.3 Windows Phone 系统中的标签式布局

虽然 Windows Phone 系统在国内的市场占有率并不高，但是也有必要介绍一下标签式布局在 Windows Phone 系统中是如何存在与使用的。在 Windows Phone 系统中，系统界面主要是通过“枢轴”（Pivot）来承载分类以及选项卡的效果，也就是在图 2-77 中看到的文字分类。

图 2-77

枢轴控件提供了一种快捷的方式来管理应用中的视图或者信息层级，并可以用来过滤数据，将视图以及文本信息的分类。枢轴的控件水平放置独立的视图，并且可以处理左侧和右侧的导航，通过划动或者大平移手势来切换枢轴控件中的视图。Pivot 默认支持手势操作，比如大平移式的操作手法，这节省了用户的操作成本。

枢轴可以通过划动和大平移手势切换页面，向左划动，由当前页面切换到下一个页面，如果切换到最后一个页面，再进行同样操作会回到第一个页面，也就是说，枢轴视图的页面是可以循环切换的。

枢轴的作用可以概括为以下几点：

a）代替 tab 控件来试用；

b）优化启动所需时间；

c）过滤和划分视图和信息。

## 2.7.4 标签式布局的优缺点

以上是标签式布局在不同系统中的使用情况，下面就标签式布局的优势和缺陷进行分析。标签式布局的优点有两点：

a）减少了界面跳转的层级，重复利用同一块屏幕，有效地节省了界面的高度。

b）展示信息量大，并且可以很好的划分和平衡页面信息展示的层级和信息传递的效果。

而缺点在于，标签式布局与侧滑式布局一样，在减少页面长度，节省页面空间的同时也增加了隐藏信息，需要手指点击选中当前的选项卡才能进行浏览。（如图 2-78）

图 2-78

在规划界面的布局方式和视觉设计时，设计师基于标签式布局进行控件选择时，除了使用系统默认的控件之外，例如：分段选择器，还可以进行自主的设计来创作出更多的视觉效果（如图 2-79）。

图 2-79

上面总结了一些作者团队在设计页面过程中所用到的一些选项卡的设计方案，有利用弥散投影进行设计的效果，也有利用卡片折纸的效果，当然设计师也可以基于当前布局框架以及功能的基础上发挥想象，为手机移动界面设计出更多样化的视觉方案。

## 2.8 合理规划布局

这一节主要介绍在手机移动设备的界面设计中常用的几种布局方式。其实对于布局方式来说，其存在的根本原因是为了和当前页面所展示的信息相互匹配，便于页面信息的传递与信息层级的划分。同时，也是为了后期视觉设计打下一个坚实的基础，因为视觉设计师也需要根据低保真图所展示的布局框架进行视觉延展。所以，界面的框架和布局方式就如同骨架一样，支撑起了整个产品的信息展现和区域划分，也是联接交互设计与视觉设计重要的桥梁。

对于布局方式，前面介绍了大平移式、宫格式、列表式以及侧滑式等布局方式。不难发现，其实每一种布局方式都是为了去展示和匹配不同的信息。例如，当交互设计师需要在当前页面展示检索信息的话，可以使用列表式布局以及宫格式布局，如果当前页面展示的信息太多以至于大量的增加了页面的显示高度时，设计师可以使用标签式布局或者选项卡来分流大量信息以便减少页面延展，增加当前页面利用率，以及减少产品的页面跳转，节省用户的操作时间。

那么，布局方式就像分隔储物盒一样，把需要在界面中展示的信息进行合理的分布。对于视觉设计来说，界面的布局方式的选择是做出好的视觉效果的重要开始，所以在使用布局效果的时候应该改根据信息的展现而细分、优化和丰富界面的布局。

在布局方式的选择背后，是设计师是否能够更加细分产品信息传递的专业能力和深度，以及对于信息传递给用户的敏锐度。例如，同样是产品检索页面，可以全部使用列表式布局进行产品展示，但会让用户产生视觉疲劳和焦虑感，也会降低当前页面的信息传递层级性，如果在当前产品中想要突出一些热门或者爆款产品，其效果也不会好。

所以可以使用一些宫格式布局来展示一些重点推荐产品，这样，用户就会在浏览当前页面时将注意力自觉放到宫格式布局上面，增加了页面的信息层级和视觉的跳跃率，通过视觉来引导用户的视觉浏览顺序，也可结合眼动仪进行测试。（如图 2-80）

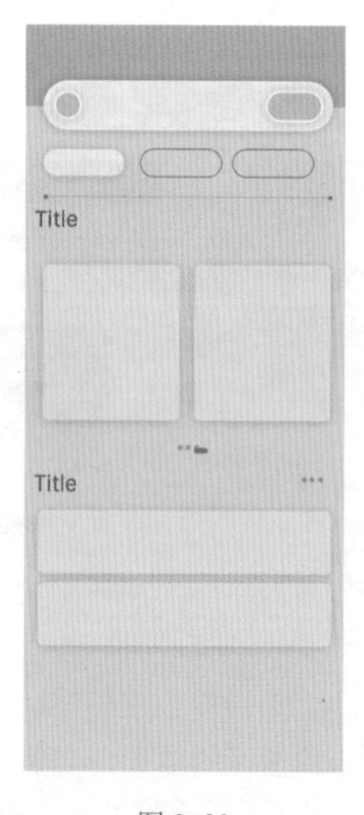


图 2-80

设计师也可以利用移动互联的一大特点，也就是“个性化推荐”对产品列表进行进一步的优化。因为在产品使用的过程中便可以发现，用户的内心其实是希望得到足够的尊重和被关注。所以，这种个性化的信息推荐就成了现有移动终端产品发展的必然趋势。其最大的特点就是先进行用户需求的调研，然后根据用户调研的结果或者是用户之前的搜索以及交易记录进行相关产品的推荐并展开，从而产生信息推送因人而异的效果，很多的产品都在运用这种方式来进行展开，例如前文对“Apple Music”中进行用户个性化需求的调研方式的分析。

这时，设计师往往会使用“大平移式布局”进行推送信息的展现。例如，刚才提到的产品列表页面，也可以根据用户的需求，浏览记录以及购买记录加入这一版块，来推送和用户购买需求高度匹配的定量推送的产品卡片（10～20 张），以便于增加产品的日活量以及转化率。

所以，大平移式的布局方式更加细化了为用户推送的产品层级。总结一下可以看到，较为粗放的“全部产品”使用列表式布局，热门产品使用宫格式布局，而匹配度最高的“推荐产品”使用的是大平移式布局，信息的层级和推送会更加的清晰（如图 2-81）。

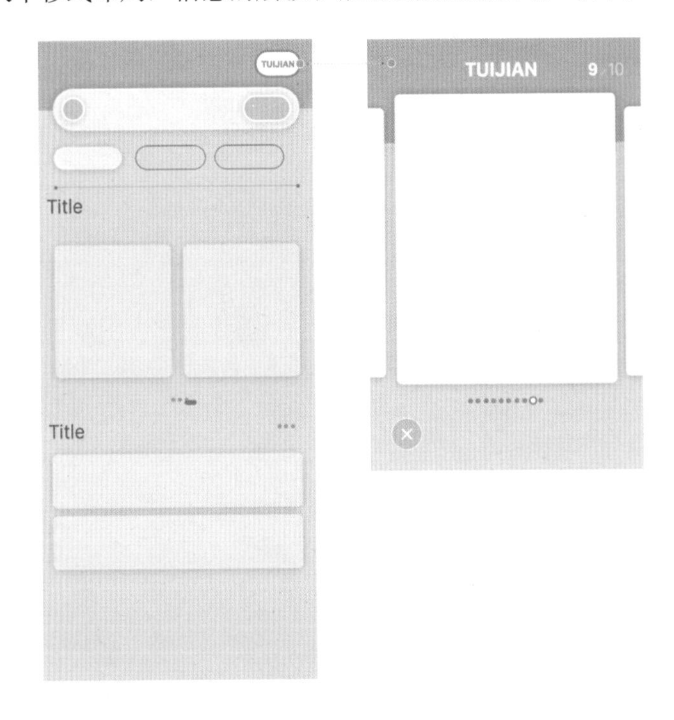


图 2-81

合理使用布局方式的目的之一是为了更好地划分产品中的信息层级，通过布局方式将信息推送清晰化，为用户筛选最优信息来让用户做选择，从而减少用户浏览信息的时间成本。让产品使用更加高效，在增加用户的转化率的同时也从侧面证明了决定布局方式的依据是产品信息的传递和组成。

通过之前内容对各个布局方式的逐一讲解可以发现，每种布局方式都有着非常大的优势，但也存在不可避免面的缺陷。例如列表式布局的优点莫过于展示信息量大，学习成本较低。但是，其缺点也是由于信息量过大而导致用户在查找有效信息时会耗费过多的时间成本，所以，才需要结合其他的布局方式来解决和弱化缺点。

在现有的布局方式中，通常都需要交互设计师来进行穿插配合使用，以便于通过各种不同的布局方式来进行缺点的互补，因为如果使用单一的布局方式一定会将其缺陷不断放大。并且使用多种布局方式进行配合也可以更加优化产品的信息传递，实现所谓“强上加强”的效果，在信息推送和信息层级划分上达到最佳的用户体验。

在设计和规划产品布局的时候，设计师会发现还存在着一种更好的布局方式，那就是利用几种常见的布局方式综合使用，相互匹配，取长补短也就是这里要给各位提到的最终的一种布局方式——混合式布局。

所以，看似简单的布局方式，其实是要展现出很好的信息规划与信息推送的逻辑思维以及产品思维。而且，合理丰富的布局方式也是进行视觉设计的重要基础，对于未来产品的视觉效果也起着至关重要的作用。

# 第 3 章

# 视觉设计中的字体与色彩

# 3.1 界面中的文字排版

界面设计的字体选择与排版规则：无论是做网页还是 APP 设计，文字内容总能占到整个版面将近 80%的区域。因此理解字体与排版对 UI 设计师来说非常关键。字体作为界面设计中的一个重要元素，对用户的阅读体验起着至关重要的作用，如何正确的选择字体并合理的设计是每一个设计师都应该熟练掌握的技能。随着社会的发展，界面设计的需求在不断提高，界面中文字的应用也就变得随处可见，正在从原来的形式设计逐渐向功能设计过渡，这也意味着这一设计领域的成熟期来临了。

## 3.1.1 文字的起源和字体的性格

### 1. 衬线字体和无衬线字体

文字作为古老的信息传播形式，对人类的发展起着巨大作用。纵观世界各国的文字，无论是英文字母还是汉字，都是源于图形。人们为了记录自己的思想、活动、成就，最初使用图画作为手段，但是图画对于思想的表达能力非常有限，特别是对于比较抽象的思维记录，几乎无能为力，因此文字油然而生，也就是说图形孕育了文字。

大家都知道最早的汉字是甲骨文，具有会意、指示等特质。这种特质和平面设计一样，是供人“识别”的，是一种只需“看”过之后，便可传播信息的平面图形，实现了记录、抒情、审美等文化功能。图像化的文字具有传递信息快的特点，通过颜色、形状、色彩、质感等方式，将要表达的信息传达给他人，让人识别、记忆并产生影响。在日常生活中我们随处都可以接触到各种各样的字体，一些常用办公软件或者设计软件的读者还会了解一些字库，比如说方正字库、汉仪字库、华文字库、造字工房等等。为什么一样的文字要有不同的字体呢？因为同样的文字会因为不同的字体而形成不同的性格与气质。

首先需要了解一下字体的分类。总得来说，可以将字体分为两类：“衬线字体”和“无衬线字体”，他们的区别在于“衬线字体”在笔画的拐角处有装饰，而“无衬线字体”没有（图 3-1）。

图 3-1

衬线字体的特点是在字的笔画开始与结束的地方有额外的装饰，一般笔画的粗细会有所不同。在传统的印刷中，普遍认为衬线字体能带来更优的可读性（相比无衬线字体），尤其是在大段落的正文中，衬线字体增加了阅读时对文字的视觉参照（图 3-2）。

唐朝张怀作有《文字论》“论曰：文字者，总而为言。若分而为义，则文者祖父，字者子孙。察其物形，得其文理，故谓之曰文；母子相生，孳乳寖多，因名之为字。题於竹帛，则目之曰书。字之与书理亦归一因文也者，其道焕焉。日月星辰，天之文也；五岳四渎，地之文也；城阙翰仪，人之文也。文为用，相须而成，……”

唐朝张怀作有《文字论》“论曰：文字者，总而为言。若分而为义，则文者祖父，字者子孙。察其物形，得其文理，故谓之曰文；母子相生，孳乳寖多，因名之为字。题於竹帛，则目之曰书。字之与书理亦归一因文也者，其道焕焉。日月星辰，天之文也；五岳四渎，地之文也；城阙翰仪，人之文也。文为用，相须而成，……”

图 3-2

无衬线字体与衬线字体相反，没有额外的装饰，而且笔画粗细也差不多。这类字体通常是机械的和统一线条的，它们往往拥有相同的曲率，笔直的线条，锐利的转角。往往被用在标题、较短的文字段落或者一些通俗读物中。相比严肃正经的衬线字体，无衬线字体给人一种休闲轻松的感觉。随着现代生活和流行趋势的变化，如今的人们越来越喜欢用无衬线字体，因为他们看上去“更干净”，比如 Helvetica 和微软雅黑体（图 3-3）。

图 3-3

### 2. 中英文的发展历史

象形文字是出现最早的文字形式，可以记录某些简单的事物，但随着语言环境的发展，沟通变得越来越多，越来越复杂，无法用图形表达。古埃及人与苏美尔人开始通过一些代表发音的符号来记录语言，而古代中国人却选择了另外一种方法：

- 会意字，如“日＋月＝明，女＋子＝好”；
- 表音字，如“阿”，没有任何意义，只表示一个音节；
- 通假字，如“说－悦”；开始出现于汉字中。

汉字从最早的甲骨文、金文、小篆、隶书、楷书、行书一直到印刷字体（如宋体字）、电脑字体（如黑体字、海报体、综艺体等美术字体）经历了几千年的不断变化。

英文文字大致分成三类，衬线字体、无衬线字体和其他字体。其他字体包括哥特体、手写体和装饰体，这些字体在工作中使用相对较少，一般来说衬线字体和无衬线字体两大类是使用最广泛的。

衬线字体的历史比较悠久，是古罗马时期的碑刻用字，适合用于表达传统、典雅、高贵和距离感。衬线字体可以分成两类：类似手写的衬线字体叫“旧体”，笔尖会留下固定倾斜角度的书写痕迹，O 字母较细的部分连线是斜线。旧体并不意味过时，传统书籍正文通常用旧体排版，更适合长文阅读。比例工整，没有手写痕迹的衬线字体叫“现代体”，其 O 字母较细部分连线是垂直的。体现了明快的现代感，给人冷峻、严格的印象，这种衬线字体缩小后文字易读性比较差，一般在标题上使用（图 3-4）。

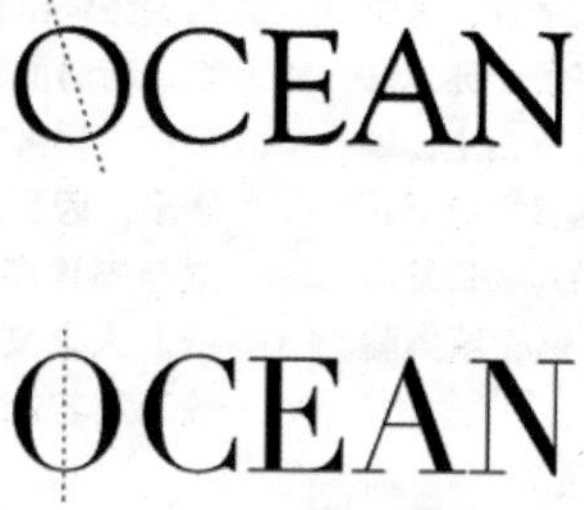

OCEAN

OCEAN

图 3-4

### 3. 常用中文字体

衬线字体和无衬线字体这两种不同的表现形式不仅使文字外观看起来不同，而且在设计应用中传达的气质也不同，下面以中文字体为例进行介绍。

a）宋体字最大的特点就是笔画有粗细的变化，一般是横细竖粗，并且在笔画的拐角处有装饰（图 3-5），红色色块是宋体字的明显特征，这也是视觉风格最关键之处。宋体字是衬线字体的基础字型，所以它的装饰性要比黑体字强很多，所传达出的气质自然也就更多，宋体字型秀气，刚劲有力，变化得当，方正平稳，对称均衡，端庄典雅，舒展大气，深受大家的喜爱。适合在文化、艺术、生活、女性、美食、养生、化妆品等领域应用。

图 3-5

宋体字因为有边角装饰，所以适用于较有文化气息的设计。只要是与文化气质有关的项目，宋体字都会是首选。

b）黑体字是一种装饰字体，而不是书法字体。黑体字在结构上吸收了宋体字结构严谨的优点，把宋体字的尖头细尾和头尾粗细不一的笔画变为方形笔画，因此独具一格，给人一种坚实有力、严肃庄重、朴素大方的感觉。

黑体字是很常见的一种字体，因为黑体字笔画基本上是横平竖直的，而且在点、撇、捺、挑、勾上都是方头的，所以也叫方体。黑体字属于无衬线字体，无论是中文还是英文都传达出简洁干练的气质。黑体字的特点表现在笔画粗壮，带有纤细笔触，笔画紧凑，不用弧线。黑体字是打印经常使用的字体之一，一般用于印刷、书面报告等比较正式的场合，多用于标题或标识重点。

黑体字是一种万能而且风格不太明显的字体，说它万能也正是因为黑体字型的简洁和规矩所带来的百搭感，它的可塑性很强，通过字体的放大或者变形，就可以表现出不同的气质来。另外，黑体字可以通过变形加透视的调整，将其用于标题使用。

粗黑体字适用于标题和大型文字的表现，而细黑体字适用于排印正文或者说明文，由于黑体字没有特别强烈的个性，所以它适用的范围也比较广，可塑性很强，可以表现商业气质

（图 3-6），也可以表现激情，还可以表现出动感，甚至变成纤细的黑体字来表现女性风格。

图 3-6

黑体字型商业气质浓厚，也可以通过 3D 效果来作为商业地产项目的标题。黑体字型与宋体字和书法体相比，韵味上稍有不足，但是如果整体的画面风格比较有韵味，那么黑体字也可以作为正文出现在版面里，既不抢戏，还可以保留一部分的商业气质。

c）圆体字由黑体字演变而来，与黑体字相比，它保留了黑体字的严肃与方正，却又将笔画的拐角和末尾处理成了圆弧状，看起来圆乎乎的，显得稚趣、可爱、小资、商业味，增加了一丝亲近感与活泼感。圆体字更加明确地表达出柔美和爽滑感，它同样适合应用于女性、美食、养生与化妆品等领域，与宋体字型不同的是，宋体字型更倾向于表现精致且富有内涵的气质，这两种字体给人的心理感受是不同的（图 3-7）。

图 3-7

d）中国书法除了汉字本身独特的象形性、图画性特点外，采用独特的书写工具毛笔，也是形成中国书法风格的重要的原因。毛笔柔软而富有弹性，可任意弯曲扭动，张弛有度，能潇洒自如地表现出各种粗细、大小、曲直、刚柔的线条变化，更能把书写者的情感赋予其中，这就形成了中国书法的特征。书者写的技艺达到一种高度时，毛笔在手，字已非字，笔画线条随心所欲，千变万化，以至达到所写之字似有生命的境界（图 3-8）。

图 3-8

e）儿童体，其实在字体的历史上，并没有所谓的儿童体，儿童体是近现代人们根据商业需求设计出来的，他们最大的特征就是笔画更加圆润、活泼，没有其他字体那种严谨感，随意性比较强，特别符合儿童天真活泼的性格。儿童字体常用在与儿童有关的行业宣传中或者儿童节等特殊节日的宣传（图 3-9）。

图 3-9

## 3.1.2 文字的重构

字体设计包括内容设计与形式设计两个方面，通过合理的创意将文字重造，表达不同的内容，同时让用户能够准确、快速、有效地获取信息。商业设计中字体设计尤为重要，使用频率也非常高。

### 1. 字体性格

人们经常用“字如其人”形容一个人的写字风格，由此可以看出字体也存在着不同的性格色彩。为了更准确地进行字体设计，首先要了解一下字体的“性格”，这是字体设计最基本的概念。

文字基本上是由结构、笔画和细节三个特征要素构成的，结构的疏密、笔画的粗细、线条的曲直、细节特征的修饰都会影响到一个字体的视觉特征，也会塑造出不同的字体性格。

## 2. 字形结构

对文字的性格影响最为直接的是结构的变化，扁平与瘦高的结构会给人不同的感受（图3-10）。汉字经常称为“方块字”，是由其结构特征所得，通常情况下比较纤瘦、高挑的字形更具文艺气息，偏女性化一些；而扁平的字形重心偏低，更沉稳、庄重一些。进行字体设计时，通常会参考汉字本身方正的结构进行设计，但也可以尝试把字体结构调整为稍扁，会给人一种稳定、紧凑、庄重的感觉（如图3-11）。图3-12中“山泉鱼”字体设计虽然瘦高但不算夸张，笔画轻盈，能够体现出细腻、优雅的女性色彩，有高冷文艺范的气质。

图3-10

图3-11

图3-12

松散或紧凑的字体结构能清晰地区分开两种字形，字形结构不仅指笔画粗细，笔画之间的留白也一样重要。留白越多，给人感觉越轻松、透气，节奏越舒缓，相反，内部空间紧凑就会营造出紧张、有力的氛围（如图3-13）。

图3-13

## 3. 性格分析

我们将整理出的需求关键词与字体的性格相对应，并进行匹配。字体究竟是女性化还是男性化，是现代还是复古，这些通过需求关键词便可以轻松对应到字体的性格中（如图 3-14）。

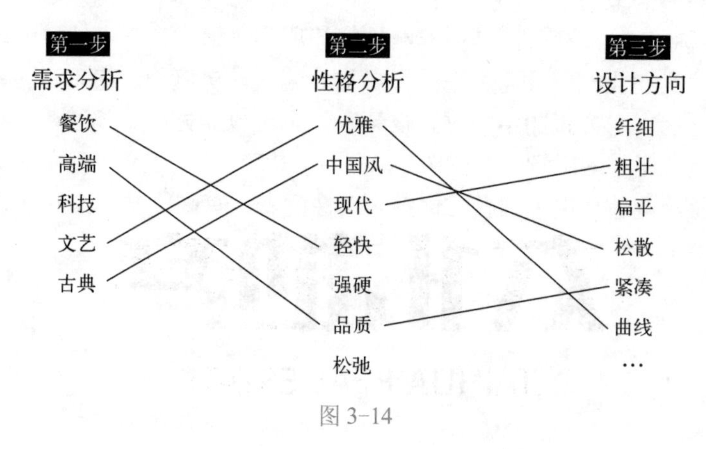


图 3-14

4. 字体设计

知道了我们需要怎样性格的字体，再进行字体设计就很简单了。只需将所需性格细分到字形结构、笔画特征、细节三项中，就好像客户直接给你说我需要高高瘦瘦的字形、笔画细而曲、空间相对宽松等，这样就会有了很明确设计方向。

那么，在设计方案的时候，用到的一些字体常常会是非商用的，也就意味着在没有购买的前提下使用了一些字库中的文字时，会侵犯版权，那该怎么办呢？可以通过设计字体来避免这类问题。字体设计有几种基本的方法，分别是：矩形造字、钢笔造字、书法造字等，并使用 Adobe Illustrator 矢量制图软件来进行制图。下面重点介绍矩形造字、钢笔造字这两种字体设计方式。

a）矩形造字就是在矩形框内进行文字再设计，听上去就知道是比较规矩的一种造字方式，这类型的文字一般会以黑体字为基础，因为黑体字型比较严谨、规矩。当然字体的气质与风格是一定要与主题相符合的，如果想要表达的气质是力量感较强的，商业化的，严谨大气的，那么就可以选择这种造字方式。

矩形造字所采取的是堆积木的方式，用“丽景假日”举例说明：

第一步，可以用“微软雅黑字体”将这四个字打出来，作为基础参考。然后画 4 个方框，作为文字大小参照，并将其锁定（图 3-15）。

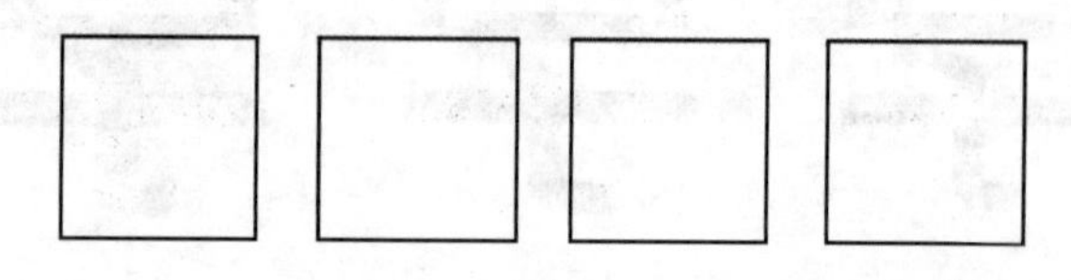


图 3-15

第二步，设计笔画的粗细。这里要特别强调一点，矩形造字中的笔画分为横竖同宽和横细竖粗两大类，这里先介绍横竖同宽的该如何设计（如图 3-16）。

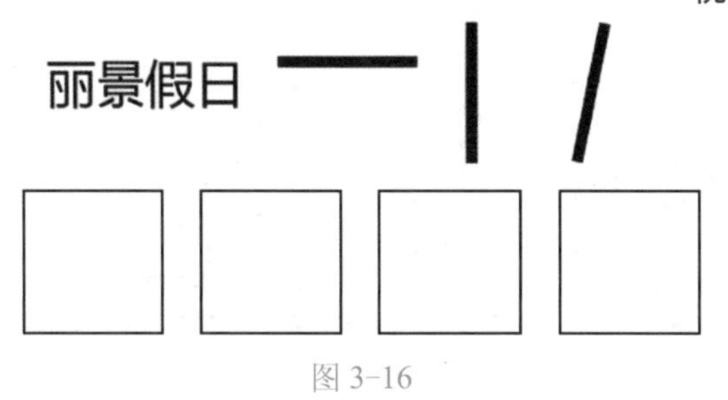


图 3-16

第三步，以堆积木的方式将文字笔画一一摆出（如图 3-17）。

图 3-17

第四步，再进行整体结构的调整。在调整的过程中，不仅需调整整体的比例结构，还可以根据需求与整体风格的搭配添加一些细节（如图 3-18）。那么细节是如何添加的呢？可以在笔画的起始处添加一些尖角、圆角等（如图 3-19）。

图 3-18

图 3-19

b）横细竖粗这种字体设计方法与“横竖同宽”字体的设计方法是一样的，只是在最初制定笔画粗细的时候有所不同（如图 3-20），在将字体的结构以及细节调整之后，还可以通过字体颜色或者添加描边等处理手法将其变得更加丰富（如图 3-21）。

图 3-20

图 3-21

c）钢笔造字是指利用 Adobe Illustrator 中的钢笔来进行字体设计。钢笔造字整体感觉柔美，基础做法是规规矩矩造字，比较严谨，设计步骤如下：

第一步，根据项目的行业属性来进行字体气质的准确定位，据此选择用哪种造字方式来进行字体设计。

第二步，输入项目名称，选择合适的基础字体作为结构参照。

第三步，一笔一画将文字写完，在这里需要注意一点，撇和捺这两笔画可以用圆角矩形的圆角来代替，横平竖直，这样比较严谨。

第四步，进行细节的刻画与调整，例如字体的间架结构，笔画分布，字间距、色彩搭配等（图 3-22）。

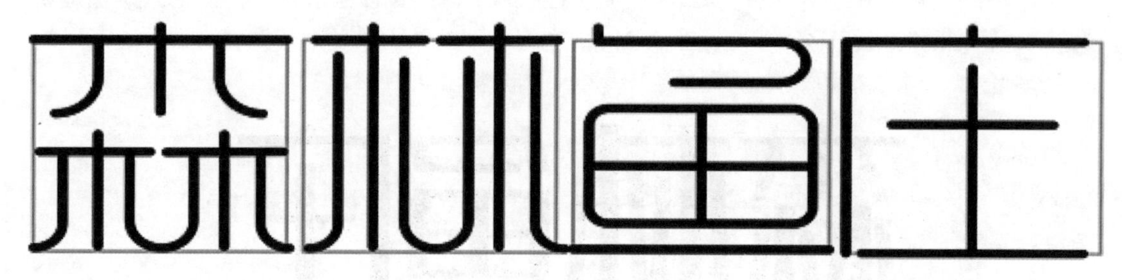


图 3-22

除了这种严谨的造字方式之外，还可以将自己设计的活泼一点，让字体有一种活泼的感觉，也会比较有创意（图 3-23）。

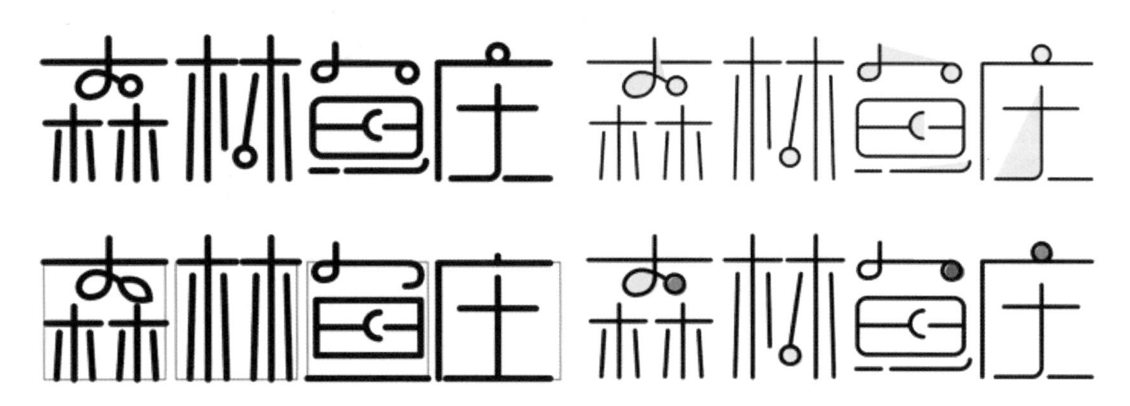

图 3-23

d）曲线造字是利用钢笔工具进行字体笔画的曲线设计，通过曲线形成柔美的字体造型，多应用于美容、食品等行业（图 3-24）。

图 3-24

e）创意造字是在字体字形设计基础上使图形更具创意，通常利用字体内容进行创意图形的表现，使文字不仅具有可读性，而且拥有图形识别性，可以更加直接的表达字义。通常使用的方法有：笔画替代、利用文字的正负空间等（图 3-25）。

图 3-25

f）个性手绘的设计方式是通过手绘的方法来实现的，通常这种设计表现出来的字体设计感较强，文字的变化与对比强烈，由不同的手绘风格与字形结构来表达不同的视觉特征，是字体设计中最灵活的一种方法，通常使用纸笔或手绘板实现（如图 3-26）。

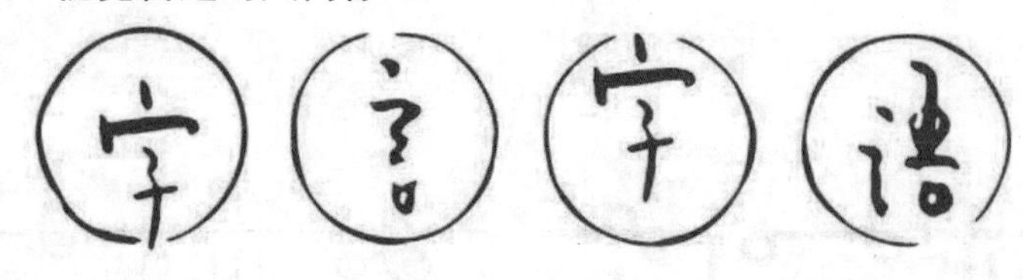


图 3-26

最后总结一下，在字体设计最开始的时候，首先需要去了解客户的需求，然后根据字体设计时需要掌握的基本原则来设计。字体再创造时需要哪些基本原则呢？首先，从文字表达的含义出发，应有相对明确的目的性和功能性。比如为一款外卖 APP 设计字体，就应将行业的特点加入到设计中去，这样的设计会更加的生活化；第二，协调一致，适度灵活，保持匀称的设计节奏。字体设计往往是为了辅助主题的表达，那么在字体风格确定的时候就必须考虑项目背景的风格，不能仅考虑文字的效果；第三设计的文字一定要有很强的辨识度，尤其在设计汉字时，因为中国文化博大精深，汉字笔画较多，要适当根据文字的意思或者造型进行笔画的添加和删减，但是无论如何变化，都必须保证它的辨识度没有问题。视觉设计不仅仅只求美观，如果只为了追求美观而设计，那么一定会忽略掉很多关键性问题，设计是要服务大众的，那么在设计时不仅要从设计师的角度出发，还应该从客户的角度，及客户的客户的角度（也就是产品的使用者们）来考虑，作品才会更加完善。

## 3.1.3 文字间的沟通

### 1. 文字排版设计原则

a）大小反差。由于 PC 端与手机端的界面尺寸差异较大，所以进行文字排版时应采用不同的字体大小组合方式进行设计，以解决阅读体验的问题。不仅是屏幕尺寸带来这种影响，用户在使用 PC 端与手机端时的观看距离也不同（如图 3-27）。使用 PC 端时，眼睛离屏幕远一些，使用手机端时，眼睛离屏幕近一些。PC 端的屏幕较大，需要字号差异较大的文字组合，手机端屏幕小，单屏展示的文字较少，使用与 PC 端相同的字号差异感受会过于强烈，所以应该使用较小的字号反差（如图 3-28）。

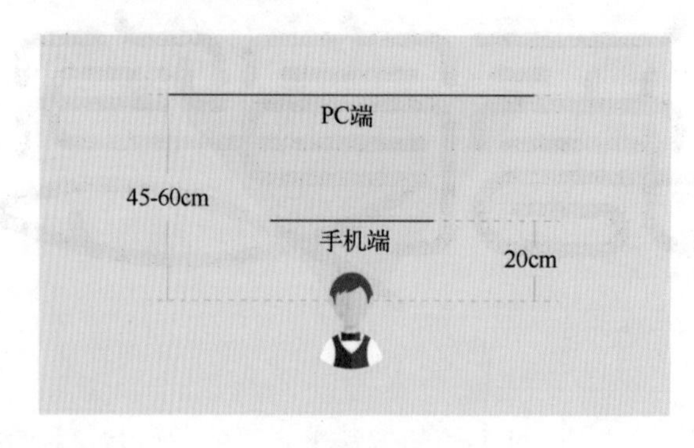


图 3-27

图 3-28

b）字重指的是同一款字体不同程度的粗细。选择字重不是使用软件中的文字加粗工具或给文字描边，这样做会使文字本身笔画间的空隙减少，破坏原本字库字体设计时的美感，而且会改变文字的宽度和高度，影响文本的对齐。正确的方法是使用字体本身的字库默认字重来控制，如苹方字体、微软雅黑字体本身提供 Light、Regular、Medium 等两三种甚至更多的字重选择（如图 3-29）。

c）字间距指的是一组文字之间间隔的距离。通常，不同字体打出来时会有不同的字间距，这是字库设计时根据字体特质考虑阅读性设定的默认字间距，除非特殊排版方式，否则正文使用时不要轻易改变字体默认的字间距。

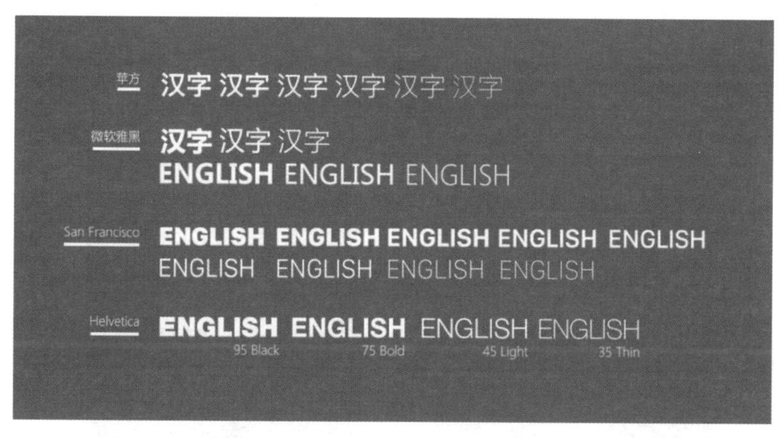


图 3-29

### 2. 界面设计中文字的排版方式

字体的排版原则：对比、重复、对齐、亲密，这是文字排版的根本，设计师通过这些方式合理的归类所浏览界面中的文字内容，保证了版面文字能够有效地表达希望传达的意义，让阅读更连贯。

a）对比。营造对比的方式有很多，我们主要讲解标题与正文的对比，具体方法有字体的对比、字号的对比、文字颜色的对比、文字颜色与背景颜色的对比。

如图 3-30，左图标题和正文均为 12 号宋体字，右图标题使用 18 号的微软雅黑，正文使用 12 号的宋体。不同的字体、字号和字重的对比拉开了文字的层次，提高了大段文字的阅读性。文字颜色对比可以突出文字中重点的部分，同时提升视觉效果。注意，不可以使用三种以上的颜色，多种颜色反而会增加阅读负担，如图 3-31。文字颜色与背景颜色对比是排版中常常会遇到的情况，正文会根据版式要求被放在不同颜色的背景上，而文本与背景要有合适的对比度才会提高文字的可读性，给用户优越的阅读体验，如果文字过小、过细或被背景颜色接近，都会影响可读性（如图 3-32）。

标题文字与正文对比示范

字体的排版原则：对比、重复、对齐、亲密的各种表现形式，是文字排版的根本，是保证我们版面文字能够有效的表达字里的意思，也能够指引用户合理的归类所浏览界面中的文字内容，让阅读更连贯。

**标题文字与正文对比示范**

字体的排版原则：对比、重复、对齐、亲密的各种表现形式，是文字排版的根本，是保证我们版面文字能够有效的表达字里的意思，也能够指引用户合理的归类所浏览界面中的文字内容，让阅读更连贯。

图 3-30

**文字颜色的对比**

字体的排版原则：对比、重复、对齐、亲密的各种表现形式，是文字排版的根本，是保证我们版面文字能够有效的表达字里的意思，也能够指引用户合理的归类所浏览界面中的文字内容，让阅读更连贯。

图 3-31

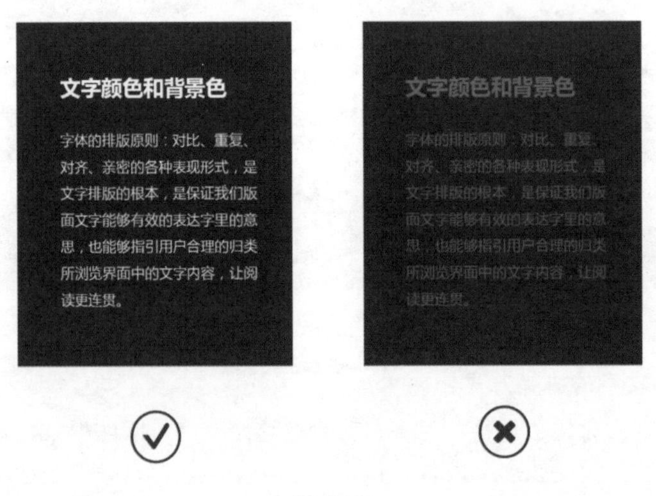


图 3-32

b）重复。设计元素可以在整个设计作品中不断出现，文字的字体、字号、样式可以重复，图形元素也可以重复，文字与图片等排版形式也可以重复。不要担心重复使用元素会使页面单调，必要地重复使用一些元素或布局，反而会使作品看起来更具有统一性、组织性、一致性，也会使用户的阅读体验更连贯，凸显作品的专业性。如下案例在产品展示部分采用了统一的排版形式。虽然内容不同，而布局一样，图片拍摄角度一样，默认状态下文字颜色一样。用户首次浏览时，就能知道它们属于同一主题下的内容，整个版面连贯而平衡（图 3-33）。

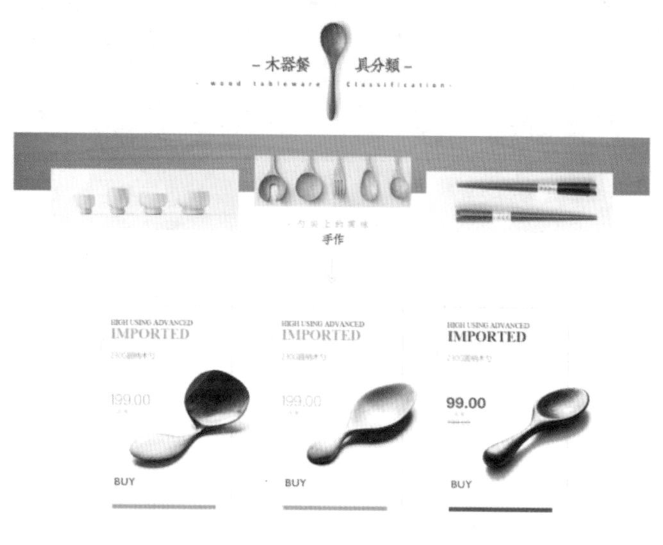


图 3-33

c）对齐。排版中有一个必须要注意到的细节就是对齐元素。设计时要注意画面中的元素，包括图形、图像和文字，它们彼此都要有一定的对齐关系。在界面设计中，元素在画面中的位置都与其他元素有着某种联系，不同的对齐方式会带来不同的视觉效果，把握好元素对齐关系可以营造有趣、轻松、严谨、个性等不同的氛围。文字段落中的对齐方式分为左对齐、居中对齐、右对齐、两端对齐等，通常只选用一种文本对齐方式。居中对齐比较正式、严谨（图 3-34）；左对齐或右对齐可使文字边界整齐，文本看起来更清晰易读（图 3-35）。

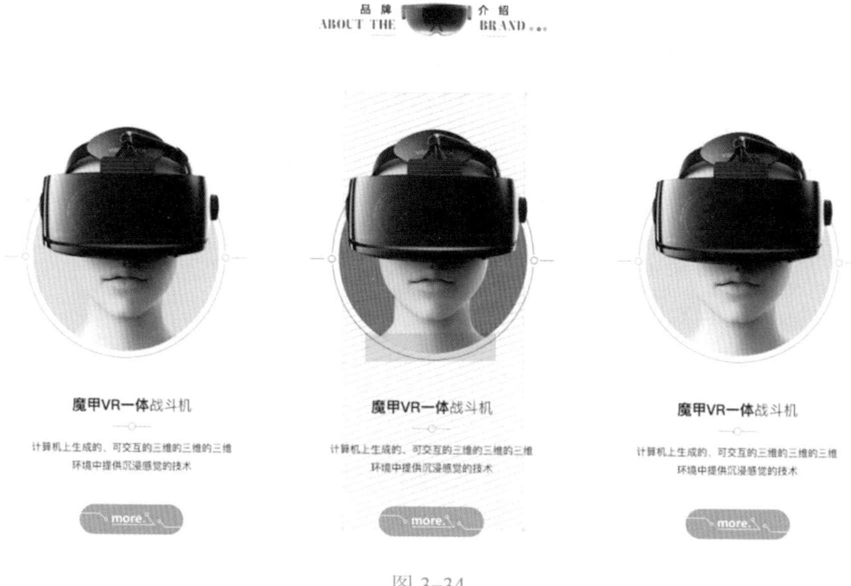


图 3-34

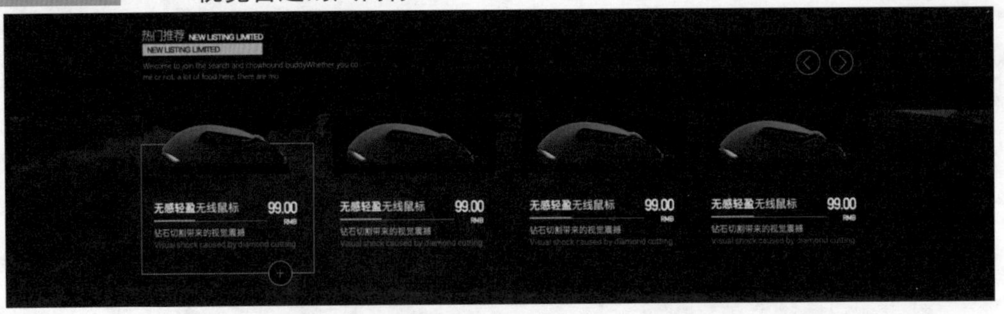


图 3-35

d）亲密性。是指将相关元素的距离拉近，使它们看起整体统一。使用的方法有两种，留白和突出视觉重点，目的都是为了增加层次，易于阅读。例如图 3-36 中文字排版方式，通过理解文字内容，给他们拉开间距，再结合前边讲到的其他对比方式，使整段文字层级分明，突出文案重点，易于阅读而且视觉效果丰富。

图 3-36

### 3. 其他文字排版规则

a）行长。通常情况下人们日常见到的阅读性产品无论是在移动产品或 PC 界面中还是在传统媒体上，每行的文字，都不会超过 40 个汉字。文字排版时设计师需要懂得考虑如何减轻阅读负担，比如：单行文字如果过长，读者也许会轻微转动头部，不仅会因疲劳降低阅读效率，同时容易串行，影响用户情绪，打乱阅读节奏。所以在 PC 端进行界面设计时较宽的显示器不适宜一段文字横跨整个屏幕，而应该使用分栏的设计手法，划分阅读区域。

b）行间距。指的是文本行与行之间的距离。界面设计中，需要很好地把控行间距，控制文字密度。行间距太小，文字笔画可能会粘连在一起，同时容易串行；行间距过大，会浪费版面空间，行与行之间的留白区域会降低阅读连贯性。行间距的数值没有固定值，通常会根据字号的大小进行相应变化，界面设计中会使用1.5～2倍字号数值的行间距。例如字号是10px，行距就应是15px至20px之间。

除了行间距需要考虑，段间距也需要考虑。段间距可以根据实际情况而定，文章篇幅短，则不需要段间距；文章篇幅较长，需要比行间距数值更大的段间距来控制内容的节奏。

c）文字留白。在文字排版时，版面需要留白，留白面积的顺序是：段间距大于行间距、行间距大于字间距。此外，文字内容区域，在页面中的位置不要贴在页面边界上，通常文字四周会留出比段间距大的空白。

#### 4. 中文与英文的排版区别

a）段落结构上的差异。英文的文字特征是每一个单词长度不一样，所以排版时不使用两端对齐的对齐方式，对齐左端后，行长不同，行末会产生错落感；中文的文字特征是方块字，排版时可使用两端对齐的对齐方式。案例中展示了中英文段落的不同之处（图3-37），可以看出文字红线显示了段落末端的不同，英文具有起伏感，而中文段落整齐，缺少视觉上的变化感。

During World War II, a lot of young women in Britain were in the army. Joan Phillips was one of them. She worked in a big camp, and of course met a lot of men, officers and soldiers.
One evening she met Captain Humphreys at a dance. He said to her, "I'm going abroad tomorrow, but I'd be very happy if we could write to each other." Joan agreed, and they wrote for several months.

第二次世界大战期间，英国的许多年轻妇女都在军队里.。Joan Phillips是他们中的一个。她在一个大营地工作，当然也遇到了很多男人，军官和士兵.。一天晚上，她在舞会上遇到了汉弗莱斯上尉。他对她说："我明天就要出国了，但是如果我们能给对方写信，我会很高兴的。"。
然后他的信停了，但是她收到了另一个军官的信，告诉她他受伤了，在英国的一家军队医院里。琼去了那里，对护士长说，"我来看望汉弗莱斯队长。"

图3-37

b）字体结构差异。英文与中文笔画结构不同，中文有横、竖、撇、捺，看起来刚硬，中文有些字字形复杂，有些字笔画较少，留白多，所以行高不能统一；英文弧线较多，看起来动感十足，每一个字体占用的比例空间差不多，看起来整齐。

c）排版规则的差异。中文中标点符号会占据一个字符空间，英文中标点符号占据半个字符空间，这是根据文字结构不同而设计的，如果中文排版全部换成英文标点，中文本身紧凑的字形会使文本段落看起来更加拥挤（图3-38）。

中文标点

字体，字体字体字体，字体，字体，字体，字体字体字体，字体，字体，字体，字体字体字体，字体，字体，字体字体字体，字体，字体，字体，字体字体字体，字体，字体……

英文标点

字体,字体字体字体,字体,字体,字体,字体字体字体,字体,字体,字体字体字体,字体,字体,字体,字体字体字体,字体,字体,字体,字体字体字体,字体,字体……

图3-38

有时候人们会觉得，英文字体无论是做字体设计还是排版，都显得比中文字体更高级一些，其主要原因是很多人把英文作为图形化符号来解读。一般情况下，图形的美观度要大于字符的美观度。所以国内一些品牌在进行标志设计时常会使用英文，让用户觉得更高级。

# 3.2 靠谱的配色技巧

## 3.2.1 制作自己的调色盘

配色一直都是设计中非常重要的组成部分，而且也成为刚刚进入设计行业的设计师所面临的挑战之一。拥有一套好的配色方案是很多设计师所向往的。所以，本节我们将着重给大家介绍一下移动界面设计中的一些配色方案以及作者在工作中总结的一些配色方法，希望为在配色方面有困扰的设计从业者提供帮助。

对于配色，其本身是有规律可循的。通常同一个界面中明确禁用一个颜色，而且应本着“色不过三”的配色原则进行设计。

设计师在进行配色时，需要各种不种类型的色系进行相互配合，按照最常见的配色比例，无色彩系通常占据 70%的配色比重；有色彩系占据 30%，如果将有色彩系进一步细分的话，产品的主色调占据 70%并且与辅色调相辅相成，辅色调烘托主色调丰富画面，所以，主色调的辅色调只占有色彩系的 30%，那么在辅助色之中相邻色或者同类色占据 20%，主要是为了保持相邻色饱和度的统一性，剩下的就是对比色，占据 10%，其作为点睛色使用，一般来说，对比色存在范围较小，并且会远离主色调而存在，并且依靠无色彩系调节画面，保持页面配色的平衡感还可以丰富画面。

下面我们就给大家逐一介绍关于配色的组成以及其要点，先来了解一下颜色的构成。总得来说，颜色可分为两种媒介和组成，一种是“无色彩系”，而另外一种是“有色彩系”。

### 1. 无色彩系

对于无色彩系，更多是指白色与黑色以及从黑色到白色从明到暗的各种灰色，无色彩系在色彩三种属性（明度，饱和度，色相）中只包含“明度”这一种属性，所以从这个角度来讲，无色彩系不属于颜色的范畴（图 3-39、图 3-40）

图 3-39

图 3-40

由于无色彩系不具备“色相”以及“饱和度”，所以，无色彩系不会在这两个层面和其他颜色发生冲突。也就是说，无色彩系是永恒的安全色，我们可以发现，无色彩系和任何一种色彩配合在一起都会显得很和谐。所以，它是名副其实的公共色，这就与我们通常使用白纸来画画的原因是一样的。

那么，当进行页面设计的时候，设计师通常会选择无色彩系作为页面设计的背景色使用。在整个页面中，无色彩系的页面配色从占有率来说也是很高的，接近整个配色方案的70%（如图 3-41、图 3-42）

图 3-41

图 3-42

我们可以发现，虽然界面风格和产品的服务人群不同，但是大多数移动界面的背景色都是以无色彩系为主，由于其只具有“明度”这一种属性，所以在无色彩系的背景中，对于其他的色相和色彩的包容性会更强。

那么，对于背景色来说，选择的色彩最好不要直接使用纯黑色或者纯白色，因为一般在设计师选取配色方案的过程中，都会遵守一条不成文的规定，也就是“唯脏色与纯色不可用”的配色原则。直接使用黑色或者白色会使我们的界面非常刺眼，所以作者在选择界面背景色时通常会使用浅灰色或者深灰色。

在选择浅灰色时，可以很好地降低纯白色带给用户因高明度产生的不适感，此外，这也是为了给后期进行卡片式设计做一个铺垫，因为卡片式设计就是为了通过背景色的明暗来使页面信息层级更加明显，使信息传递更具备层级感，所以如果背景色就使用纯白色的话，那么就无法给卡片更亮的颜色以凸显，效果也不是很好，如图 3-43 所示，所以设计师在选取背景颜色时要尽量选择接近与白色的浅灰色作为界面的背景色。

图 3-43

同时也要注意，在选取浅灰色作为背景色时，要控制 Photoshop 中拾色器的选择（图 3-44）。

浅色背景的选色区间最好是控制在图 3-44 中所标注的区间之中。如果选色的区间太靠下的话，以浅灰色为主的背景色就开始变得比较脏了。所以，要慎重选色，因为背景色所占据的面积还是很大的。

另外，如果选深灰色的话，在确定明度之后，可以让深灰色略微向蓝色背景进行靠拢，这会使深灰色的背景变得比较高级，而不是单纯地死灰色（图 3-45）。

图 3-44

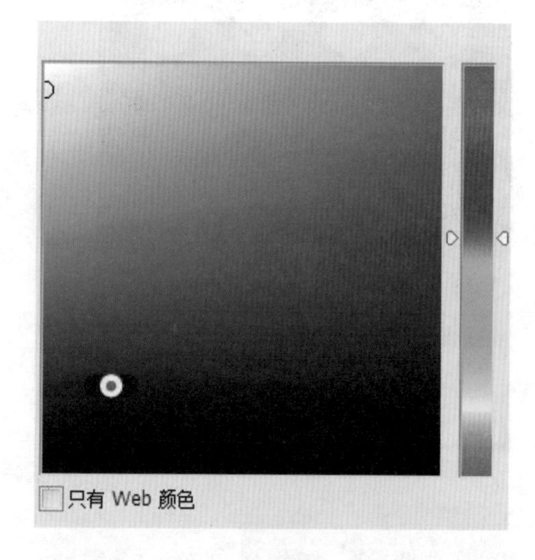


图 3-45

所以，在确定背景色时，作为初入设计行业的设计师，选择无色彩系的色彩为背景色会比较保险。另外，在选择背景色时，要尽可能地避开脏色与纯黑纯白色来确定界面的背景色会比较靠谱。

2. 有色彩系

除去无色彩系，剩下的具备明度、色相、饱和度这三种属性的颜色均属于有色彩系的范畴。由于其属性中包含了色相与饱和度，所以在颜色搭配起来就更加考究了，这也是配色时需要重点解决的一个问题，但它也是有规律可遵循的。

其实，颜色这种介质源于大自然的馈赠，是由于对太阳所发散出的“白光”进行色散之后形成的“单色光”，人的肉眼可识别出七种不同的单色光，也就是我们平时所熟悉的“彩虹”的效果（图 3-46）

图 3-46

将这七种单色光进行连接就成了设计师非常熟悉的 12 色环的配色工具，众多的配色方案也就蕴涵其中（图 3-47）。

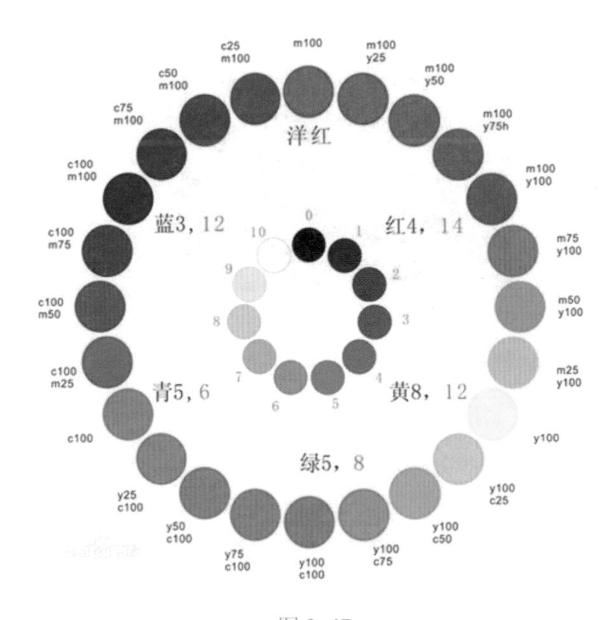


图 3-47

提到配色，就不得不对颜色进行一些基本介绍。颜色包含三原色，也就是“红，黄，蓝”这三种不可通过调和而产生的颜色，那些连接原色的颜色，我们将其称作“间色”，有些时候会出现更高级的复色，也就是指由三种或三种以上调和产生的颜色。

设计师在进行界面配色的时候，多数情况会绕开原色而使用间色甚至是复色。这主要是为了避免使用较纯的颜色而造成用户视觉感受的不适。

## 3.2.2 明度、饱和度、色相的概念及使用

颜色的三种属性是颜色最重要的组成部分。其实颜色的三种属性对于设计师来说并不是很陌生，分别是明度、色相以及饱和度。但是真正理解并且将其灵活运用就会有些难度了。下面就逐一介绍这三种属性。

### 1. 明度

明度泛指颜色的光源明暗程度，是依据颜色的明暗变化来定位的，明度是无色彩系唯一具备的属性，而对于有色彩系，不同的色相也有明度之分，其中黄色明度最高，而紫色明度最低，绿、红、蓝、橙的明度相对比较接近。

当色相一致时，也具备明度上的区别，如图 3-48 所示。我们在设计页面时，通常用到软件之一是 Photoshop（简称 PS），那么我们就以 PS 中的拾色器为例，一般我们会在拾色器中使用“色相”模式来配色，那么在这个拾色器面板中，明度和饱和度的界限变得非常模糊，但是，我们可以看到，当前配色面板的色彩明度基本上都是在朝着左上角，也就朝白色的方向发展，越来越亮（如图 3-48）。

图 3-48

在配色时，有时也会采用这种色相一致，明度差异的配色方案。因为颜色的色相是确定的，只是明暗会发生变化，所以这种配色方案是除无色彩系外对于眼球刺激最小，也是较稳定的配色方案，可以近距离使用。例如，当我们试图为界面的状态栏和导航栏进行配色时，就可以使用这种方案，可以很好地区别这两个控件的区域，也不会太过于刺激眼球（如图 3-49）。当前 APP 的状态栏和导航栏使用的颜色在拾色器中的取色区域为（图 3-50、图 3-51）。

图 3-49

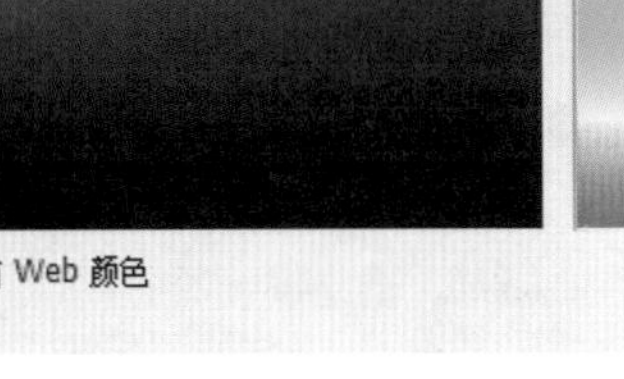

图 3-50　状态栏的取色

图 3-51　导航栏的取色

我们可以发现，在为状态栏以及导航栏分别进行配色时，色相几乎是没有发生任何变化的，只是调整了颜色的明暗进行区别。但是，对于常规的手机应用界面来说，仅利用这种配色方案是很难做出很好的视觉效果的。试想一下，如果一个界面从上到下只有一种颜色，仅仅是明度发生一些变化的话，页面的视觉效果通常会很单调，除非能够很好地驾驭文字排版以及页面框架布局的划分，否则页面的视觉效果一定会出现很大的问题。所以，我们需要其他的配色方案共同配合来设计出好的界面配色效果。

### 2. 饱和度

饱和度，又称为颜色的“纯度”，一般指的是色彩的鲜艳与浑浊以及饱和与清新的色彩调和程度。首先，同一种色相的颜色会有饱和度上的区别，例如图 3-52 所示。同一种绿色，由于加入了不同的白色，其饱和度就会产生很大的区别。就像是在使用水粉颜料画画一样，若想将一种颜色的饱和度降低，往里面加入白色无疑是最好的选择。

图 3-52

色彩的饱和度不同，对于人们眼球刺激的程度也会有所不同。一般颜色的饱和度越低，对于眼球的刺激会越低。所以，现在低饱和度的颜色和风格会更多地受到人们的喜爱，它会给人一种内心的平静。例如日式小清新风格设计以及摄影风格经常会利用低饱和度的颜色处理方式来呈现其视觉效果（图 3-53）。

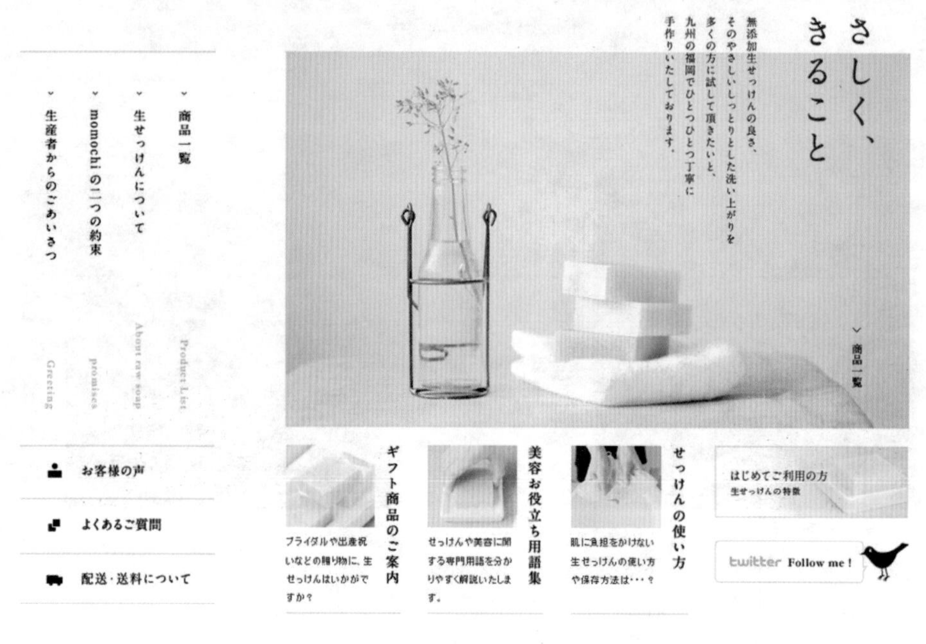


图 3-53

我们在进行界面设计的配色选择时，“不要使用脏色以及纯色”的原则其实就是对颜色饱和度的选择和要求。在这里给大家介绍一下作者总结的配色方案，我们还是以 PS 中的拾色器为例来进行分析（图 3-54）。

在颜色选择时，我们通常会在拾色器中将其从左上角到右下角画一条对角线。对角线以下的颜色通常比较浑浊，一般不建议使用，所以我们把这个区域变成了灰色。靠近最右侧边缘的颜色是整个拾色器中饱和度最高的颜色，一般也不建议使用，也将其加入灰色区域。那么，剩下的非灰色区域的颜色就可以作为我们设计页面时的选色区域了，通常也就适合“唯脏色与纯色不可用”的界面配色原则了。

这种配色方案适用于各种不同的平台。现有的 iOS，Android 以及 Windows Phone 系统都对各自的配色方案有着自己的要求。例如在 Material Design 所要求的设计语言之下，对于配色的选择就明确提出，界面的选色应尽量使用非高饱和颜色进行使用和调和，如图 3-55 所示便是 Material Design 中扁平化控件以及界面配色的选色区域。

这也从侧面验证了移动界面中的选色规则。所以，对于颜色的饱和度的选择和把控，对于界面整个配色方案的营造起着巨大的作用，为什么界面的配色不建议使用高明度的配色方案呢？主要原因如下：

a. 用户一般使用手机的距离较近，颜色饱和度太高会刺激眼球，用户在查看界面时容易出现疲劳感。

b. 手机的屏幕本身就是发光体，在这样的环境中，高饱和度的颜色同样也会给用户带来严重的不良体验。

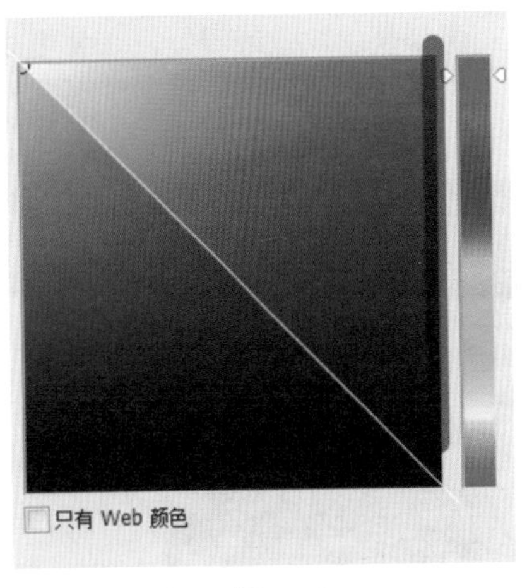

图 3-54

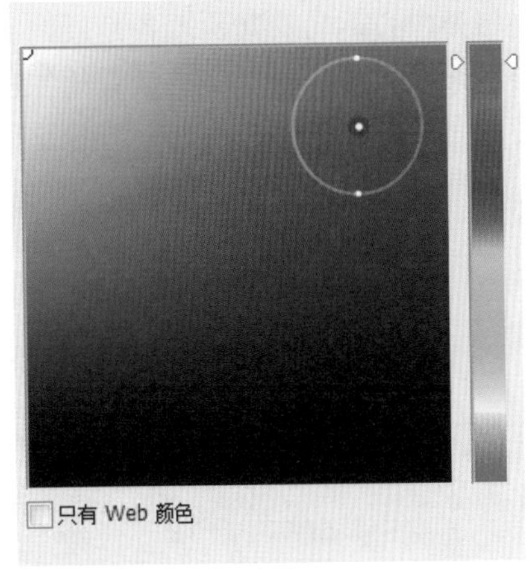


图 3-55

#### 3. 色相

色相一般是指色彩的相貌和种类，同时是色彩最大的特点，也就是说，设计师使用到的色环就是根据色相的切换来进行区别和连接的，也就是用于区别不同色彩的名称。人们在辨别色彩之间的差异的依据其实就来自不同波长的光给人们造成的不同的色彩感受。

界面设计在配色过程中离不开色相的配合，因为仅仅利用一种色相进行配色毕竟太单调了，唯有利用色相之间的配合才能达到界面配色方案中的“丰富”。那么，对于颜色之间的选择与实用则是设计师需要深入考究的问题了。其实，对于色相之间的配合与使用，也是有规律可循的。下一节就给读者介绍两种经常使用的配色方案。

### 3.2.3 移动端视觉界面颜色选色原则

#### 1. 相邻色的使用

相邻色通常是指在色环中紧挨在一起的颜色，例如黄色的相邻色便是橘黄色、橘红色以及暖绿色（图 3-56）。

图 3-56

这种配色方法在页面配色中经常使用，可以起到丰富画面配色视觉效果的作用。而且由于其色相之间的距离并不是很远，所以对于眼球的刺激也很微弱，整体的配色效果比较温和且稳定，是一种很不错的配色方案。颜色之间也可以近距离使用，使用合理的话会达到一种意想不到的视觉效果，这是比较容易掌握的配色方法。

图 3-57 中的 APP 界面便是利用相邻色设计的配色方案，这种方案会使页面在丰富配色的同时，也不会造成太大视觉上的刺激。所以，一般设计师在选择相邻色配色时，通常会以

一种色相为中心，向着其两端各延展两到三个相邻色相配合使用，效果较好。在使用相邻色的时候，一般会通过色块拼接或者相邻色渐变的两种方式进行视觉表现，例如下面我们看到的两张界面，便是利用这两种不同的视觉表现方式来呈现相邻色。

图 3-57

## 2. 对比色的使用

对比色是指在色相环中以 180° 角对应的两种颜色，称为“对比色”或者“互补色”。由于这两种颜色在色环中的距离较远，所以会给用户视觉上强烈的排斥感和跳跃感。这是一种具备“双刃剑”效果的配色方案，使用得当可以很好的提升界面视觉冲击力，而使用不当则会使当前页面的配色变得凌乱和刺眼。通常比较经典的对比色为红与绿，蓝与橙以及黄与紫（图 3-58）。

设计师为页面的主色调再进行配色时可以基于主色调对比色的基础之上，结合相邻色的概念，这样便可延展出更多对比色系的配色方案。例如，蓝色的对比色为橙色，那么橙色的相邻色为黄色以及红色等，这些颜色就可以作为蓝色的对比色系来进行使用，从而起到丰富画面的作用（如图 3-59）。

图 3-58

图 3-59

这样一来，可选择的配色方案就更多了，也更具有规律性和可控性。那么，当界面中使用对比色的配色方案时，一定要注意以下几点：

第一，对比色出现以及占据的配色比重要尽量低一些。一般对比色出现在页面中，更多是对当前页面的主色调进行点睛使用，适当调和即可。如果对比色占据面积太大的话，就会造成当前页面视觉效果太“花”，通常对比色只会占据整个界面配色中的 5%～10%左右；第二，对比色之间要通过无色彩系来进行分隔，其两者之间的距离要尽量远一些。如果一组对比色的距离太近的话，会加剧视觉刺激，效果非常不好。

所以，当设计师在初次接触与尝试页面设计以及配色中使用对比色中，一定要注意以上所提到的两个要点，那么页面就会在配色丰富的基础上还能够趋于视觉上的平衡（如图 3-60）。

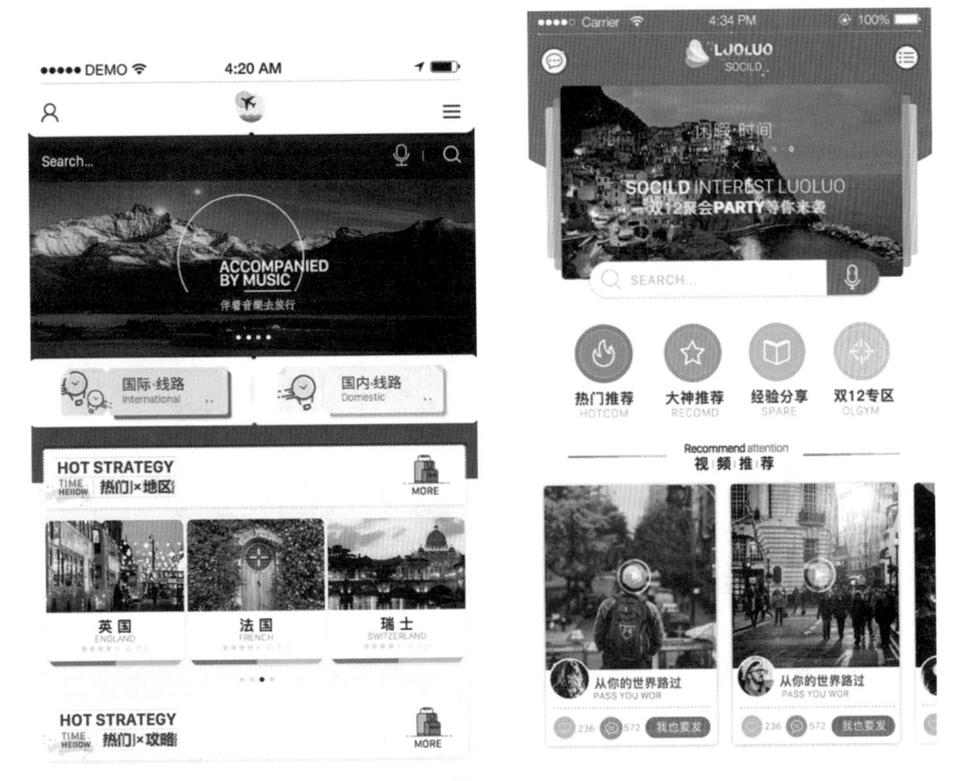


图 3-60

不管我们是使用对比色，还是相邻色，当我们试图使用不同的色相进行丰富页面时，一定要控制好色相之间的饱和度，这样才能确保当色相发生改变时，视觉效果不会凌乱。

颜色除了具有色相，还具有色性，色性是指色彩冷暖及中性色之间的分别。其实颜色本身不具备冷暖效应，只不过是根据人们的心理感受和主观意识，将颜色分为暖色调，冷色调以及中性色调这三类。颜色的冷暖对比是界面设计最常用的方法，视觉对比效果也最为强烈。暖色主要有黄色、橙色等，暖色一般用于购物类型网站以及饮食服务类产品，给用户营造较为活泼、温馨、积极向上的感觉。冷色主要有蓝色等，常应用于科技、商务等类型产品，体现严谨、稳重、清爽的效果。所以，设计师要根据不同的行业定位以及用户特征来合理地选择冷暖色的使用（图 3-61）。

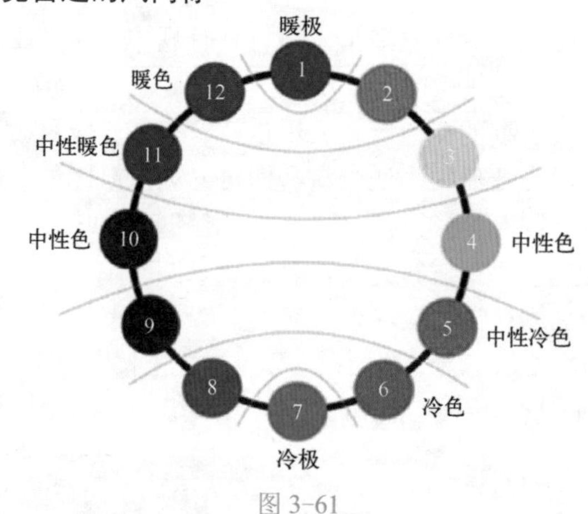


图 3-61

那么，图 3-62 所示的两张页面的主色调分别是根据行业特点与用户人群的特点以冷色和暖色为主的两种配色方向。左图中的页面所展示的是以 O2O 模式为主的送餐类型的产品，为了凸显食欲及熟食为主的产品特点，使用红色比较适合。而右图中的产品主要是服务于智能电器，通过手机对于家用电器进行远程操作以及家庭安全管理等，所以使用蓝色可以更好的突出其具有科技感的产品特点。

图 3-62

通常在使用冷暖色做为产品界面的主色调时，同时结合背景色来配色效果更好。暖色和深灰色调调和可以达到很好的效果。暖色一般用于购物类型网站、电子商务、儿童等网站居多，用户感觉较为活泼，温馨以及积极向上（图 3-63）。而冷色一般和白色或浅灰色配色可以达到很好的视觉效果，常应用于科技、商务等相关行业的视觉表现，给人以严谨、稳重以及清爽的视觉效果（图 3-64）。

图 3-63

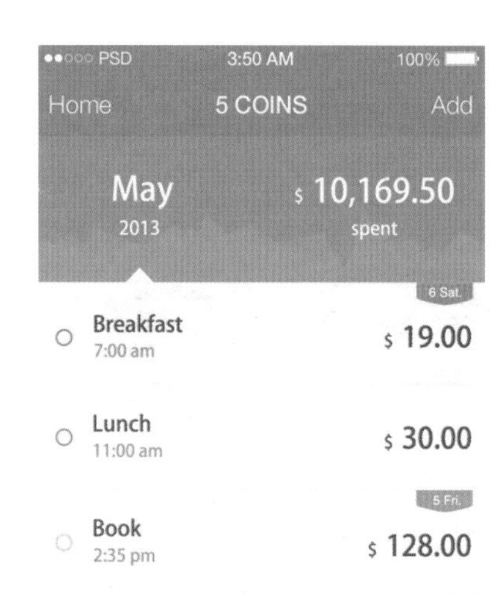


图 3-64

一般我们在确定界面主色调时，通常会根据产品的行业特点、用户人群以及企业的视觉形象来确定一种主色调以及和当前主色调所配合的辅助色调构成界面中的配色方案。色彩的主次分明可以使作品条理清晰，功能明确。一般来说，我们将色彩按功能划分为：主色、辅助色、点睛色三大类，而且在界面配色中要严格遵守“色不过三”以及“脏色纯色不可用”的原则。那么这些色系当中，要按照其存在的比例进行合理地调配，其效果才会达到最优的状态。

例如上面我们所总结的，除去无色彩系，主色调通常占据整个界面配色的 70%左右，而根据主色调所确定的相邻色则占据整个界面配色的 20%～25%左右，剩下的对比色占据 5%～10%左右。我们以蓝色为例，假如我们确定了我们所设计的页面颜色是以蓝色为主，那么其配色方案可以如图 3-65 所示。

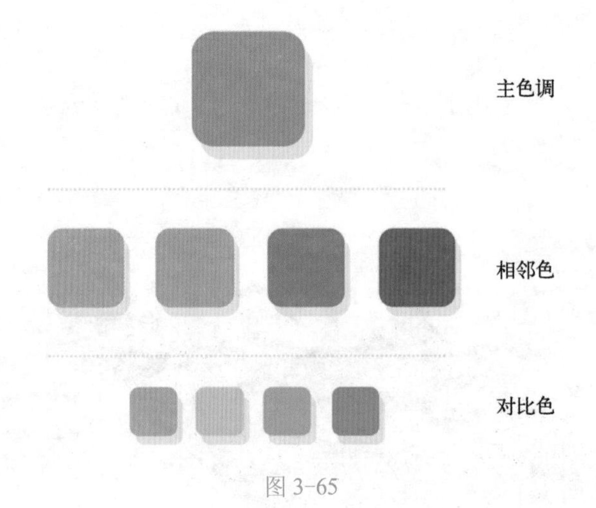


图 3-65

这里，我们重点强调一下主色的关键性。主色决定着界面的设计风格，是连接产品功能的情感元素。任何色相都可以成为产品的主色，因为每种色彩表达的色彩文化是不同的，所以主色表达的也是作品的文化方向。这就需要我们在设计初期对产品项目深度分析后，提炼出最为合适的主色。在不同的界面设计和媒介设计中，主色运用规律各不相同。比如，在界面设计之中，主色通常会用于结构装饰之中，这有效地统一了产品的传播性。而在 banner 和海报设计里，主色多用于背景之中，可以起到强调突出的作用（图 3-66）。

图 3-66

另一方面，我们站在用户的角度来看，为了使用户可以快速方便地找到所需要的东西，一般来说，主色在首页中会大面积使用，而二级界面则会将主色更多地放到关键操作点中。

如果从产品本身来说，我们在使用主色时，会更多地考虑页面的内容关系，更多地关注产品的功能作用。

最后从视觉方面来看，当我们要选择高饱和度的色彩作为主色时，必然要考虑用户长时间观看时是否会造成视觉疲劳。

其次，视觉设计师要学会从对比色中寻找辅助色。一般来说，大家会简单地认为面积大的颜色就是主色。其实不然，大面积饱和度低的颜色更容易被小面积的高饱和度的颜色“抢镜”。所以，我们一般会选择纯度高的颜色作为主色。在界面设计中，互补色的使用，会给用户带来强烈的视觉冲击，情感表达会更加丰富浓烈，这是传播情感的最好方式。一般来说，适合比较夸张的场景使用。但是当用户长时间观看高饱和度颜色时，容易产生视觉疲劳，那么我们就要通过合理的搭配，控制其使用面积，将其用于核心位置。

下面总结一下我们在配色中常用到的配色方法，这几种配色方案通常可以进行综合使用，相互配合。

a）无色设计：黑白灰等无色彩系进行搭配，通常对图片选择、页面的布局结构以及文字排版的要求较高。

b）冲突设计：主色调以及其对比色搭配的使用，例如蓝橙，红绿，黄紫等颜色的搭配，在使用的时候要注意对比色的使用量要少，并且远离主色调进行使用。

c）单色设计：色相保持一致，仅利用其明度进行变化来使用，一般此配色方案较为小众，同样对页面布局以及文字排版，页面细节营造的要求较高。

d）相邻色设计：相邻色设计通常以红橙，黄绿，蓝紫或蓝绿，黄橙，红紫等颜色配合使用，在丰富页面的同时也不会造成用户的视觉疲劳。

除此之外，我们还可以利用上文所提到关于色彩的冷暖关系使我们的作品更加丰富出彩。

在本章内容中，主要为大家介绍了关于色彩的属性以及如何利用色彩的三种属性来进行配色的方法以及在色彩之间相互平衡的方法。在设计中，需要设计师能够掌握更多关于配色的技巧，并对色彩有细腻的情感表达，从而使界面的视觉效果不单调。对于刚刚接触设计工作的设计师来说，这就对于其学习能力以及总结能力就有了更高更新的要求，希望大家能从中总结出适用于自己的一套配色方法。

# 第 4 章

# 界面中的细节营造

## 4.1 伪扁平化的时代

随着互联网时代界面设计风格的逐步发展，我们发现界面设计的视觉效果已经从之前的拟物化设计风格（Quasiphysical Design）向轻量化的设计风格转变（如图 4-1）。

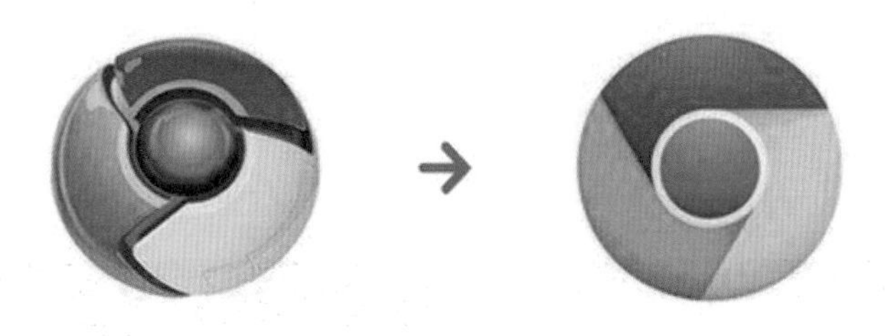

图 4-1

2010 年，微软推出了全新的封闭型移动端操作系统 Windows Phone，它所带来的设计语言（Metro UI）给界面设计注入了一股新的力量，那就是后来被大家所熟知的扁平化设计（如图 4-2）。

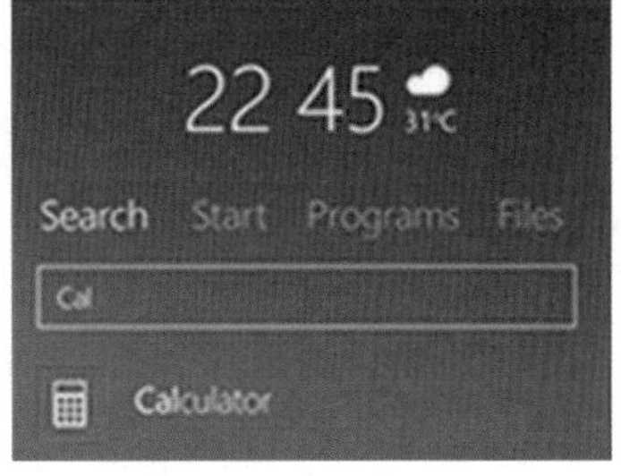


图 4-2

互联网界面设计风格就在这个时期发生了新的改变。扁平化设计由最初的出现，再到蔓延，最后成为几乎覆盖全球界面设计的语言，其发展速度和势头非常快速和迅猛。扁平化的发展为何会这么快速？扁平化设计又会给设计师以及工程师的工作方式带来哪些改变？这些是本节要重点介绍的内容。

虽然扁平化设计风格已成为了业界主流，但是在其后续的发展当中也发生了一些微妙的变化和风格上的延展。纯扁平化设计在界面设计中的出镜率已经不是很高了，随着时间的推移以及设计师的不断思考和推敲，扁平化开始变得不那么扁平了。

微软推出的 PC 端 Windows 操作系统（Windows 8 为开端）以及移动端 Windows Phone 以及 Windows RT 的 Metro 界面是扁平化设计的代表产品，也是微软确实是扁平化风格的引入者。

在扁平化设计引入之前的，互联网界面设计更多的是以拟物化设计风格为主导的。最典型的是以 iOS 系统中拟物化的设计为代表。主要是通过质感来还原用户真实的世界和视觉效果，产生情感上的共鸣，让用户感觉到与实物的接近。在那个时代，拟物化设计也成为了视觉设计所追求的设计高度和软件技能的衡量标准。直到 2013 年，iOS7 在升级以后也开始朝扁平化设计风格转变了（如图 4-3），我们可以对比一下 iOS6 系统和 iOS7 系统之间在视觉和设计风格上的巨大变化。

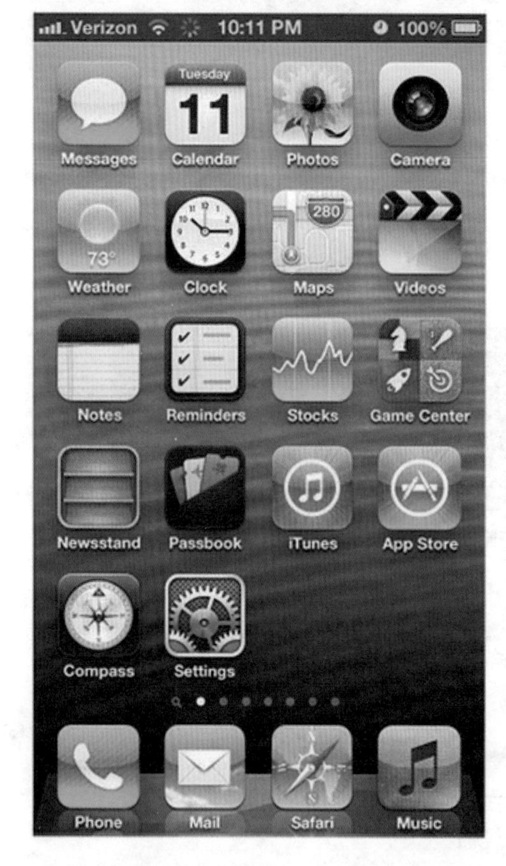

图 4-3

谷歌在 2014 年推出了著名的 Material Design（材料设计语言），也在其设计语言中加入了关于扁平化的定义。Material Design 是由谷歌所开发的一套设计语言，在这个设计语言中事实上还是利用了扁平化设计精髓。虽然在其基础之上增加了一些比较含蓄的拟物化的设计创造了一种全新的设计概念，其设计的核心就是设计师所熟知的“卡片式设计”，但是其本质还是由扁平化的设计理念所派生出来的设计语言，图 4-4 所示为在原生安卓中利用 Material Design 设计语言完成的界面设计效果。

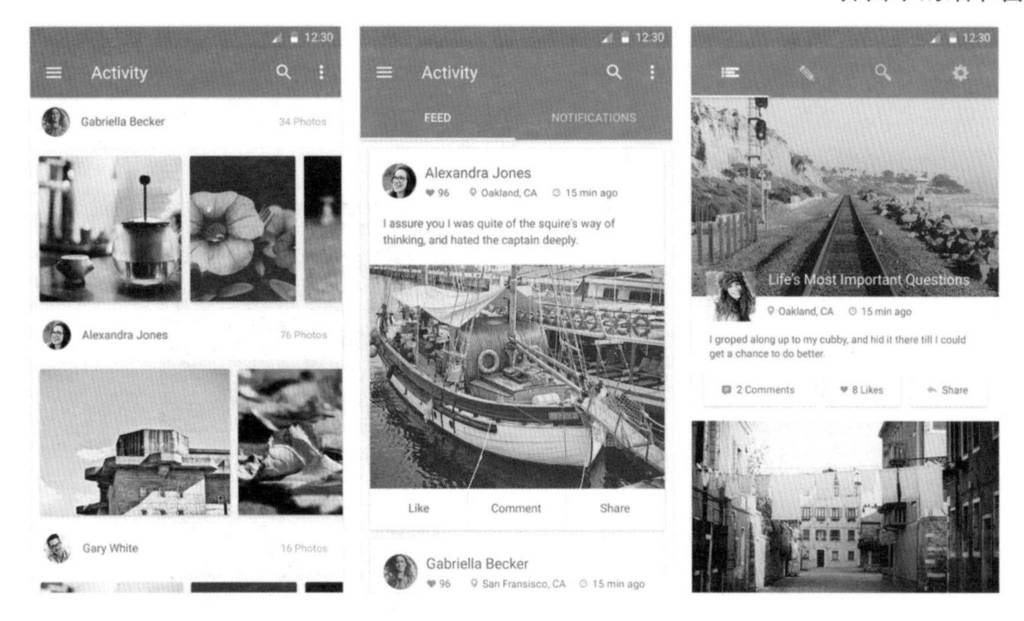


图 4-4

## 4.1.1　什么是扁平化设计？

那到底什么才是扁平化设计呢？其实对于扁平化设计，一直都没有很权威的定义，但根据其设计的特点可以总结如下。

扁平化设计是一种纯二次元的设计风格，完全抛弃了例如：渐变，投影，羽化，斜面浮雕等拟物设计手法，仅利用色块拼贴进行视觉表现的一种抽象化的设计语言。纯扁平化设计以现有 Windows 操作系统、Windows Phone 系统的设计风格等为代表。

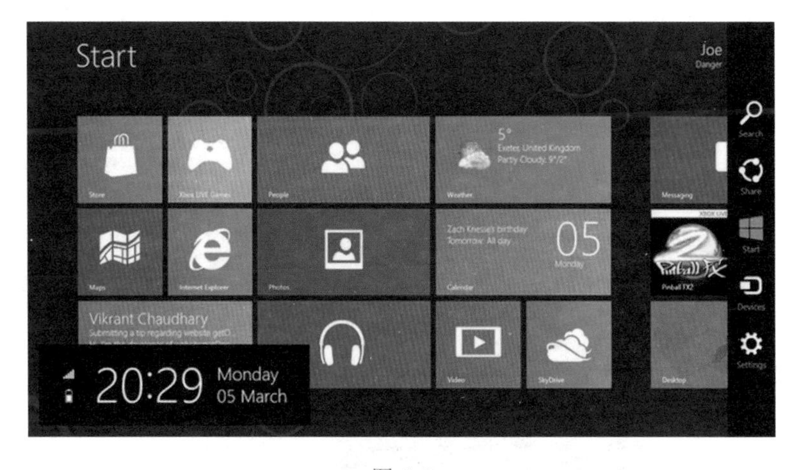


图 4-5

### 1. 没有冗余的拟物设计效果

视觉设计的优劣其实是守恒的，本质上是组成视觉设计所需要的设计及元素一个此消彼长的过程。扁平化的设计核心对于界面设计来说，极大的削弱了拟物化设计的设计理念，甚至早期是完全摒弃的。所以，设计师在进行扁平化界面设计的过程当中，需要从颜色，排版以及图片搭配等方面进行深入研究。图 4-6 中所给到的图标以及界面设计便是这样的道理。

图 4-6

2. 配色要明亮清晰但不要使用纯色

扁平化设计的精髓便是利用颜色拼贴来进行视觉表现。所以，对于颜色的把控和要求是扁平化设计当中非常重要的一个环节。而且在 iOS 以及安卓的设计语言中对于选择颜色也有着明确的规定。

设计师在使用颜色的时候，需要重点注意其选色的方式和方法。还是那句话“唯脏色与高饱和颜色不可用”。在这里重点介绍一下后者，由于扁平化设计将界面配色的使用率推向了一个高潮，如果在界面中大量使用纯色的话，就会让整个画面看上去非常刺眼。因为颜色纯度越高，对于眼球的刺激就会越大，当利用 Photoshop 选取颜色时，应按照图 4-7 所标注出来的范围进行选取，效果会更好。

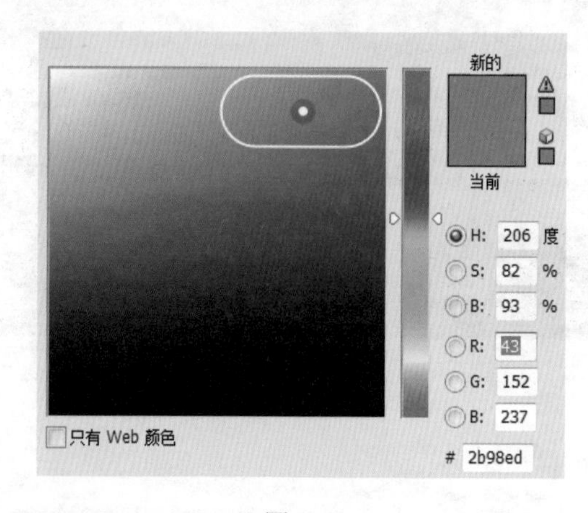


图 4-7

此外，当进行扁平化界面设计的时候，最好合理地利用相邻色和对比色进行穿插，以便于达到最佳的配色效果（如图 4-8）。一般主色调和相邻色会占据绝大部分的配色区域，而对比色只作为调和色进行点缀。

图 4-8

### 3. 大量使用较为简洁风格的元素，以色块拼贴为主

此处所指的是图标的使用，文字的排版搭配以及纹理的使用，颜色清新亮丽并且凸显简约干净的设计风格，如图 4-9 所示为个人进行数据可视化的概念设计的练习稿以及 PC 端网站后台的视觉效果。

图 4-9

总结一下，对于扁平化设计来说，细节依然是其生存的根本，但是细节的表现已经不再是追求极致的拟物，而是转化成了布局、配色、文字排版等方面，其实完美的扁平化设计需要设计师从规范性、视觉风格一致性、细节、配色、图片搭配、文字排版等多方面进行把控和平衡，对设计的要求其实更高更复杂了。

### 4.1.2 扁平化设计的发展

扁平化风格始于北欧平面设计风格，早期应用于平面设计当中，其设计风格包括了栅格化以及文字排版等方式。后期也逐渐在网页和 APP 的界面设计当中使用，包括文字的大小、文字与文字之间的距离大多经过了一系列严格地考究。

早期扁平化设计风格主要通过矢量抽象的元素设计进行展现，满足用户最本质的需求，也就是获取信息，但是经过长期发展之后装饰性的元素逐渐占据较大的比重，甚至超越了设计初衷。因此设计师们开始强调展现信息的功能以弱化多余的装饰，在此设计过程当中，文字排版和矢量元素的使用以及色块拼接在视觉设计中被推上了高潮。在文字排版中通过对文字排版中的大小、明暗对比关系的调整来展现信息，甚至可以通过文字的设计来展现产品视觉设计的性格，图 4-10 所展示的就是这一时期的印刷产品的视觉风格。

图 4-10

其设计风格的精髓在于以固有的平面设计风格，突出其四平八稳的视觉符号的传达设计，让人印象深刻。并且视觉效果更加突出整洁、严谨、工整、理性化的特征，意在传达准确的信息给观看者，将信息传递作为产品最为本质和主要的方向进行塑造（如图 4-11）。

图 4-11

2010 年，微软推出 Windows Phone 系统时，将其设计语言命名为 Modern UI，且利用矩形色块为功能区域的“动态磁贴”作为其设计的重点，使用户在浏览该系统手机界面时可以更加快速地找到所需要的信息，减少冗余的视觉元素，从而达到用户与信息的“0”距离接触。设计师所熟悉的“Metro”和“Modern UI”其实是一回事，后来国内根据其英文命名的含义将其取名为“扁平化设计”，视觉设计师们也开始尝试利用一些色块拼贴来重新设计和定义图标和界面，所以扁平化的设计产物开始迅速出现（图 4-12）。

图 4-12

扁平化风格被大众熟知是通过 2012 年 Windows 8 上市推动的，当时对于设计师来讲更多的是在讨论视觉设计最终的走向。2012 年前后，手机操作系统主要以 iOS 系统的拟物化设计风格和新兴的扁平化设计风格为主，平分秋色，所以很多的从业者都在讨论和观望界面视觉设计的最终走向。

这个问题在 2013 年得到了明确的答案，也开启了扁平化设计时代。随着 iOS 7 的升级，带有鲜明特征的 iOS 风格的扁平化设计开始影响其广大的第三方应用，可以看到， APP Store 中的第三方应用纷纷开始朝扁平化的方向进行了界面形象的升级与再设计，以便能够响应扁平化时代的到来。以腾讯 QQ 为例，图中展示了 QQ 的形象分别在 2014 年、2015 年以及 2016 年的效果，可以清晰的看到扁平化设计在其形象的设计中的体现（如图 4-13）。

图 4-13

2014 年谷歌推出了全新的系统设计语言 Material Design，这为扁平化设计又注入了新鲜的血液。随着世界三大手机操作系统纷纷向扁平化的靠拢，界面设计最终以扁平化设计风格为主导向前发展，扁平化设计风格也成了视觉设计的一种风格。

## 4.1.3 扁平化设计的优缺点

扁平化设计风格的界面是由单色的规矩的矩形色块组成，大字体并且伴有文字排版，简约时尚的动效，现代感以及科技感十足。其交互的核心在于功能本身的使用，完全抛弃了冗余的拟物元素，使用更直接的图形来完成信息的送达。

**1. 扁平化的优点**

首先，简约而不简单，扁平化设计使用栅格化进行设计，利用鲜明的色彩让界面变得焕然一新。其次，突出内容主题，减弱各种多余的元素，让用户更加专注于信息本身，在扁平化的视觉影响下界面和产品会显得非常简单易用。最后，让设计更加简约，使开发变得更加容易。

优秀的扁平化设计只需要考虑良好而丰富的框架，栅格布局和文字排版，配色以及配图的高度一致性，而不再需要考虑更多的阴影、高光、渐变等拟物手法。但简约不等于简单，扁平化也将文字排版，配色等设计手法提到了更高的位置，对其要求也会更加严苛。

**2. 扁平化的缺点**

设计是需要付出一定的学习成本的，并且由于完全摒弃了拟物化的设计手法，无法对于真实环境进行还原，无法从情感上和用户达成共鸣，所以扁平化设计风格传达的感情并不丰富，有时甚至会过于冰冷。设计师在尝试如何能够在保证扁平化设计优点的同时改进其缺陷，成为更为优化的设计语言。所以，扁平化的设计风格也开始有所改变，随着“伪扁平化设计”风格的逐步出现和发展，原先的扁平化开始变得不扁平了。

## 4.1.4 伪扁平化设计风格

纯扁平化设计伴随着其与生俱来的优点的同时，也存在其不可避免的缺陷，所以，设计师开始尝试给扁平化设计加入一些“情感”来增加与用户之间的共鸣。扁平化开始出现了光源，甚至是一些投影、渐变等细节。这么做看似与扁平化设计的初衷相悖，但是实践证明，扁平化设计加入一些含蓄的拟物化手法修饰后确实成了界面设计风格的延续和主导，经典的“卡片式设计”便是这一时期的代表。有很多声音认为这是拟物化回潮的表现，而作者认为这其实是扁平化的“进化论”。图4-14所示便是伪扁平化设计与纯扁平化设计的示意对比。

图4-14

那么，对于伪扁平化设计来说，视觉上有哪些手法呢？

### 1. 加入长投影效果

长投影效果在一段时间里是很流行的，设计师尝试在扁平化的世界中加入光源，并且延伸投影。一般长投影都是45°，给图标加入了一种深度和起伏感。不过其阴影也是扁平的，一般以无渐变明暗或者颜色衰退效果为主（如图4-15）。

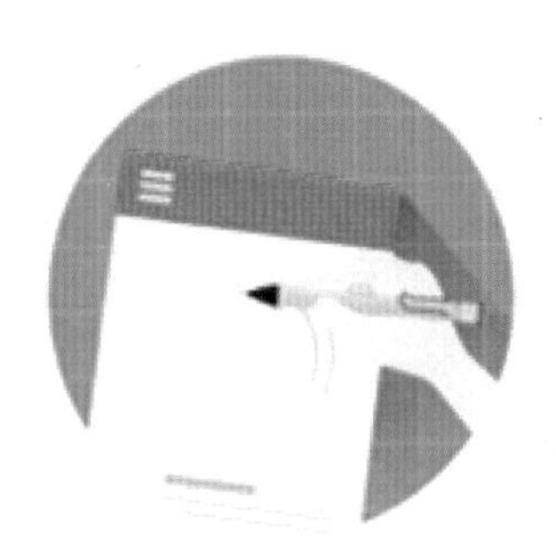

图4-15

### 2. 带有阴影以及渐变的扁平化设计

虽然加入了投影和渐变，但是伪扁平化设计的效果都是相对含蓄的，不会像拟物化设计效果那么浮夸，所以需要设计师在扁平化和拟物手法之间寻求平衡。这种手法也被大量的运用于图标和界面的视觉设计中，用来营造所谓的“细节”，以打动用户的内心。实践证明，这样做的效果是很不错的（图 4-16）。

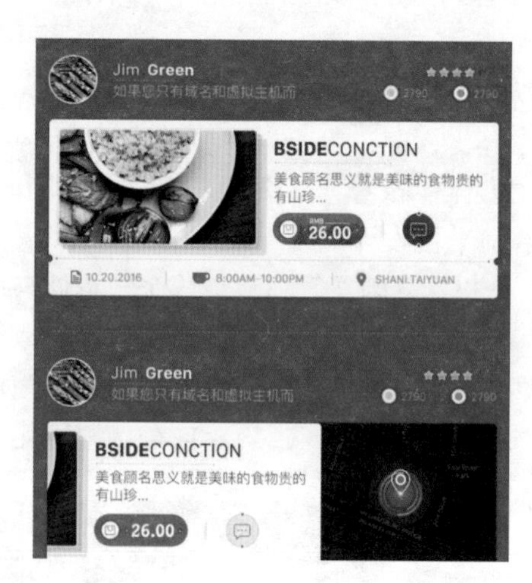


图 4-16

### 3．扁平化的 3D 效果

这个概念看上去像是一个悖论，但是确实存在。扁平化设计不仅仅是二维的，也有设计师将其设计成三维的效果进行展现。这给用户一种眼前一亮的感觉，原来扁平化还可以这么做。以图标设计为例，虽然图标被设计成三维但依然遵循了扁平化大色块拼贴的设计精髓，并在此基础上加入了新的视觉元素。图 4-17 所示，便是 3D 扁平化设计效果，也是伪扁平化风格非常重要的代表之一（图 4-17）。

图 4-17

## 4.1.5 关于 MBE 设计风格

随着 Dribbble 网站上一位设计师“MBE”所设计的融合了插画风格的图标一夜爆红，MBE 风格在 2016 年一发不可收拾，迅速席卷全球。其图标作品风格设计包含了简约、绚丽、手绘等一系列新元素。这可以算是一种全新的风格，但也是基于扁平化设计风格所演变的风格之一。由于这种新的设计风格没有一个官方名称，那就暂用设计师的名称将其称之为 MBE Design。目前已有不少的设计师也开始绘制类似风格的设计作品，可以发现 MBE 风格已经逐渐成为一个小的设计趋势（图 4-18）。

图 4-18

MBE Design 包含以下特点：

a）带有较粗的深灰色描边，样式为“正片叠底”效果。

b）Q 版卡通形象，带有鲜明，干净的配色，利用大色块拼接而成。

c）运用圆角元素居多，圆滑的线条组成，凸显可爱的设计情感。

d）常用快速矢量绘制，很少使用渐变色，而且颜色通常带有和描边错位的效果来进行展示。

## 4.1.6 扁平化设计的方法

由于扁平化设计极大地降低了拟物化的程度，虽然后期以伪扁平化设计为主，但依然保留了扁平化设计的精髓。所以，这就要求设计师在框架结构、配色、图片搭配、拟物细节以及文字排版等几方面同时提升，缺一不可。所以对于视觉设计师的综合要求更高了。行业中存在一种声音，认为扁平化设计降低了视觉设计的门槛，这种看法其实是大错特错。那么，设计师在设计扁平化风格的界面时应该注意哪些方面呢？

a）丰富的布局展示。利用列表、标签、宫格等布局方式的综合使用来丰富界面的框架。

b）颜色的合理使用。取色时要选择鲜亮，干净并且不要使用高饱和度的色彩进行设计。

c）丰富的排版效果。利用文字的信息层级所决定了页面文字的跳跃率，在大小、粗细、颜色等方面使得文字排版更具灵活性。

d）配图的考究。使用高清并且颜色明亮清晰的图片加以配合。

e）配合工具图标进行点缀。

对于扁平化设计来说，需要同时考虑以上五个元素，丰富和优化视觉界面设计。但是仅仅做到以上这五点，还是很难去实现一个优秀的扁平化设计产品。必须在保证页面设计的规范性以及视觉风格的一致性的基础之上，来权衡和使用这些视觉元素的构成。这样，界面才能达到一个较为优秀的视觉效果。

## 4.2 经典的卡片式设计

现如今的移动端 UI 设计中，卡片式设计撑起了半壁江山，它随性自由又充满了逻辑性，它正在变得更加流行。下面介绍卡片式设计。

首先，必须要先知道什么是卡片式设计。在各个 APP 中常常见到的那些承载着图片、文字等内容的矩形区块就是所说的卡片，卡片存在的方式多种多样，当你点击它的时候能够看到更多详细的内容。一般把这种容器称之为“卡片”。从另一个方面来说，它也指那些包含一定图片和文本信息在内的长方形，作为指向更多详细信息的一个入口。如今，在保证界面具有优秀可用性的同时，卡片式的设计甚至成了平衡界面美学的默认做法。因为卡片很方便的显示出界面中的内容是由不同的元素组成的（如图 4-19）。

图 4-19

其次，要知道卡片式设计的起源。卡片式设计正在席卷科技界，但作为一种内容的宣传媒介，卡片已经存在了很长时间。公元 9 世纪，中国就使用卡片来玩游戏；17 世纪时，伦敦的商人利用卡片来招揽生意；18 世纪，欧洲贵族家庭的仆人会用卡片向主人介绍即将登门拜访的贵宾；而人们交换名片的传统也已持续数百年。又比如说，人们会互赠生日卡片、贺卡，人们的钱包里塞满了信用卡、借记卡和会员卡（当然还有身份证和驾照）。在计算机技术没有普及之前，空管会使用卡片来调度飞机。电影拍摄中使用的故事板也采用了卡片格式，同漫画相似，每一张图（卡片）都代表了一个电影中的场景。照片又何尝不是一张张的卡片呢？每张照片都是一张讲述着独特故事的卡片。另外还有旅途中寄往亲朋的明信片，等等。

对于卡片式设计的卡片来说，它们普遍有两种用途：作为界面或作为界面流的中断（通常以广告的形式）。

a）卡片作为界面。有时你甚至看不到卡片的设计形态，因为它们和屏幕完美重合了。但如果仔细看，仍然可以识别出它采用卡片式设计。卡片式界面通常整体作为一个可触元素。无论点击或滑动至屏幕上任意位置，都可操作。在游戏界面中应用卡片式设计也是一个亮点。

b）卡片作为界面流的中断，卡片式设计也经常以向下滑动覆盖屏幕的方式，用于移动端或 APP 广告。

与界面式卡片不同的是，这些卡片包含两种链接——强链接和弱链接。可以通过超强链接跳转至产品广告页。点击弱链接则返回上一个界面，一般来说弱链接很难被点击。

从用户体验来看，广告与整体界面的和谐度比较高。虽然这样广告会占满屏幕，但并不会给用户造成太多困扰，因为你仅仅在屏幕卡片顶端叠加了广告卡片，用户可以关闭或者忽略它。卡片帮助用户快速浏览信息，用视觉风格一致的广告提供直接的商业价值（图 4-20）。

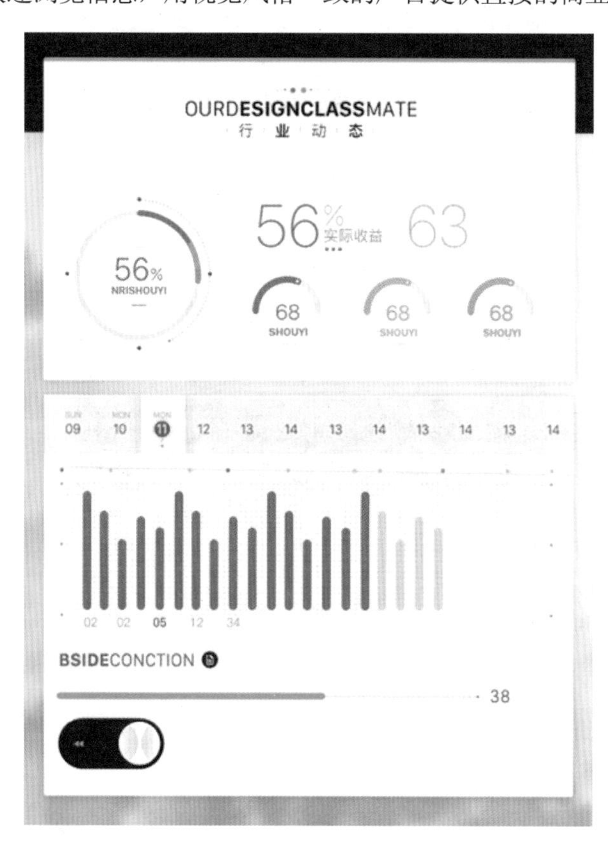


图 4-20

## 4.2.1 卡片内容至上

卡片可以承载不同类型的内容，因而成为内容型网站和 APP 的完美容器——这种通用的框架不会拒绝任何内容。卡片的元素可以包含：照片、文本、视频、优惠券、音乐、付款信息、注册或表单、游戏数据、社交媒体流或分享、奖励信息、链接以及以上元素的组合。这样做的好处是用卡片承载内容信息，层次简单易懂，用户易于滑动浏览。典型布局中，屏幕中每张卡片地位相等，不存在一个卡片主导其他的情况。多张卡片井然有序排列，用户自主选择他们想点击的卡片进行操作（如图 4-21）。

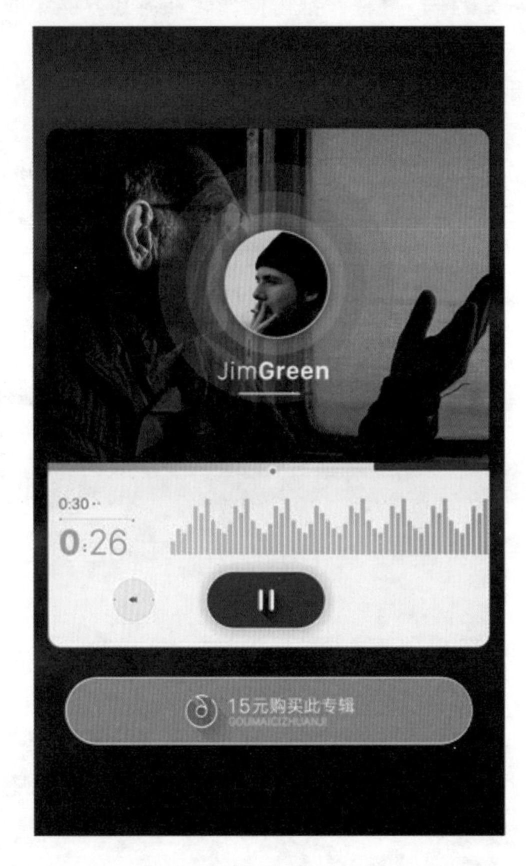


图 4-21

## 4.2.2 卡片设计的优势

对于初来乍到的用户，卡片式设计提供了最基本的功能操作。但这却是移动端卡片设计流行和易用的最重要原因。用户认为卡片简单易懂的原因在于数字界面卡片来源于实物卡片。数字卡片具有同样的行为方式，用户不必考虑事情如何发生，可自然而然的创建舒适的用户体验。在数字领域的应用程序中，卡片式设计提升了操作行为体验。从另一方面来想，当用户与卡片进行交互时，可以分成几种行为模式。卡片通常会做三件事：记录信息、用信息吸引用户或提醒用户信息。根据卡片内容元素，将卡片进一步细化为不同类型容器。第一，叙述：卡片以瀑布流形式出现，同时创建事件发展的时间轴。第二，发现：卡片能让相关内容自然地呈现出来。采用网格或瀑布流布局时，使用淡入效果展现卡片，会让用户觉得好玩和身在其中。例如，当你向左或向右滑动，展现符合你口味的歌曲。第三，对话：由于卡片是相对独立的，他们能够完美展示正在进行的对话。第四，工作流：卡片可以将待办事项快速归类。例如，用 Evernote 可以创建不同笔记或待办事项的卡片。当用户删除它们时，剩余的卡片按照初始顺序重新排列。现在，从多设备视角考虑卡片。在应用中，卡片作为承载内容的容器存在，不同用户可以在其他应用或设备上浏览查看（图 4-22）。

图 4-22

## 4.2.3 卡片的组织性

就像在生活中使用卡片一样，对设计师和用户而言，卡片必须很方便使用。当你设计卡片时，需要做一些重要的决定：合适的卡片尺寸，恰当的视觉风格。而常用的卡片尺寸有几个选择：小尺寸、摘要形式的卡片；中等尺寸的卡片；全屏卡片；叠在其他界面元素之上的弹出式卡片。

卡片在视觉美观度上也在不断进步美化，比如瀑布流，它起源于 Pinterest，现在仍非常流行，但这种形式通常在视觉上缺乏辨识度。微软的 Metro 风格、扁平化卡片是针对 APP 和移动设备的设计尝试之一。Metro 风格现在并不常见了，但扁平化这一趋势继续发扬光大，并演化成为一种受欢迎的卡片样式（图 4-23）。

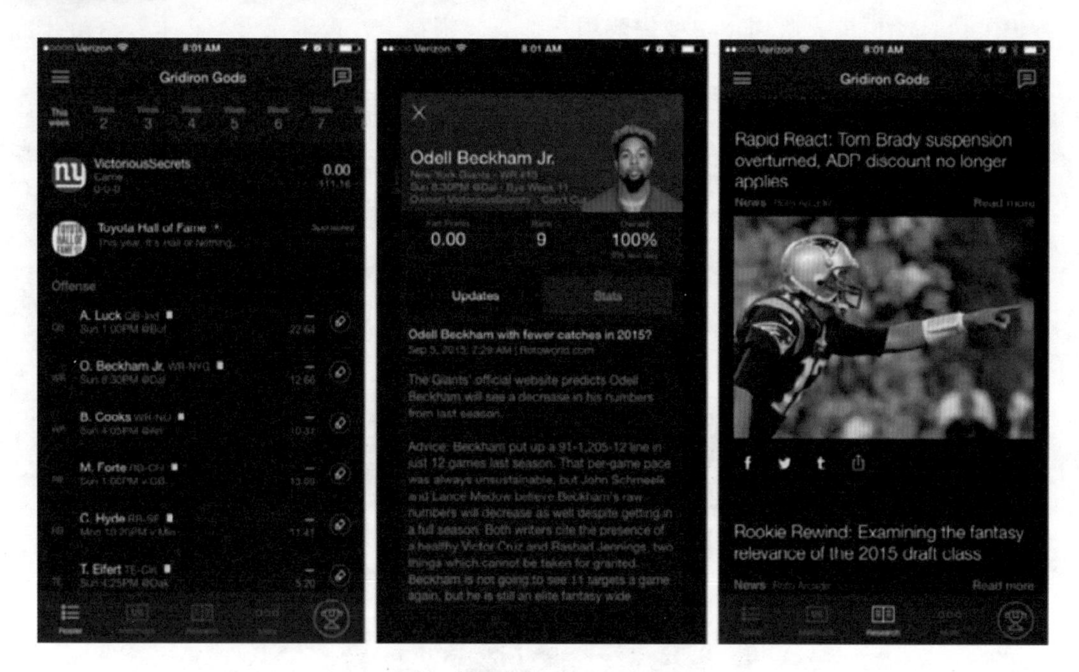


图 4-23

宫格是一种有效的经典布局，卡片被整齐封装在容器中，这样保证了很强的灵活性。目前杂志风格卡片开始在更多应用中涌现，尤其在新闻网站或需要展现大量文本的应用中。Flipboard、CNN 和 NEWSIFY 都使用这种风格（图 4-24）。

图 4-24

## 4.2.4 卡片的视觉效果

由于卡片式设计能够承载各种类型的内容，需要设计师精通从色彩到图像应用等方方面面知识。以下是最适用于卡片设计模式的原则：

第一，了解阴影及其特点。为了让投影和渐变的元素更加真实，了解阴影特点在卡片设计中显得尤为重要。如果阴影投在整个卡片的边和角上，那卡片载体的物理交互感就不复存在了。第二，在无色系中保证 UI 清晰。在无色系的条件下设计，必须考虑其可用性和所包含的内容，在此基础上再有目的地添加颜色。第三，有意识地留白。卡片留白的重要性不言而喻，先给卡片一些空间恰当地增加文本内容。为了让文本看起来足够清楚，可以在文本下使用深色蒙层，把文本放在一个框里或者把背景作模糊处理。第四，增加图文排版的对比性。比如通过字体大小、字体粗细来吸引用户的注意力。简单的图文排版其视觉效果是最好的，加之非衬线字体，会给卡片一些美感上的润色，这样的卡片会看上去既有熟悉感又富有创意。诸如阴影之类的元素，在很大程度上能帮助用户联想到实体卡片（图 4-25）。

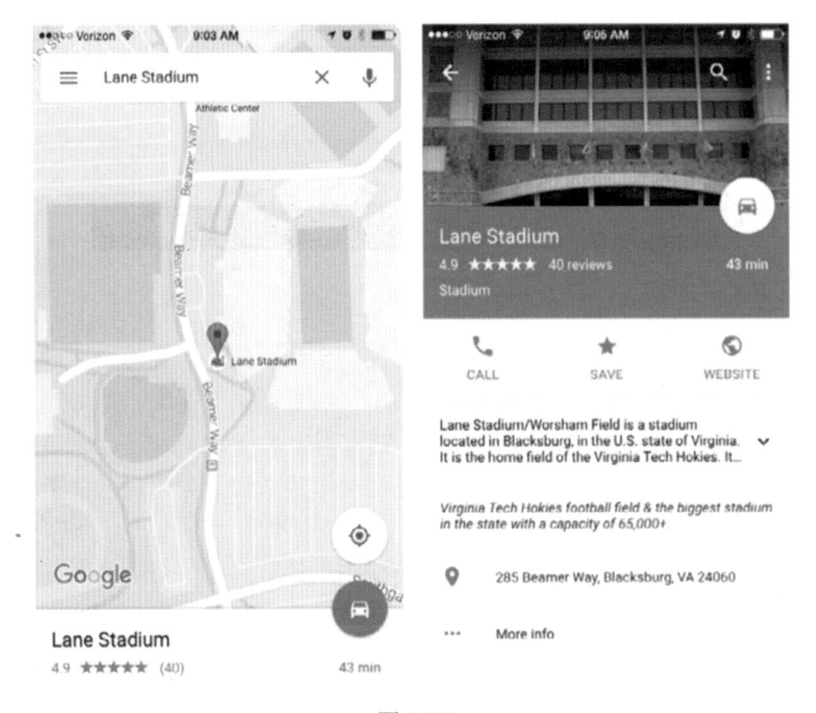


图 4-25

设计师关注更多的是移动卡片设计的下一步发展趋势是什么？大家可能会感受到卡片式设计越来越受欢迎，这一趋势并不会很快终结。这意味着会有更多卡片风格的应用和界面，包括使用更加丰富的多层次化的卡片的设计，长得不那么像卡片的卡片，扁平化卡片的复兴，重内容型网站大量使用卡片设计等。在这里又不得不提一下 Material Design 设计语言。Material design 设计风格非常鲜明，带有浓郁的谷歌式的严谨和理性。

Material Design 特色的多层次化卡片设计以两种形式出现：①加入巧妙地分层元素，比如阴影元素，能够把卡片从背景中分离出来；②分层使得卡片元素可堆叠，这样用户可以一张张翻过去，而不是滚动。扁平化设计从未过时，这种风格的演化持续影响着卡片设计。扁平化风格的卡片将使用大量色彩、流线型的文字排版、精巧的设计来帮助用户浏览内容（图 4-26）。

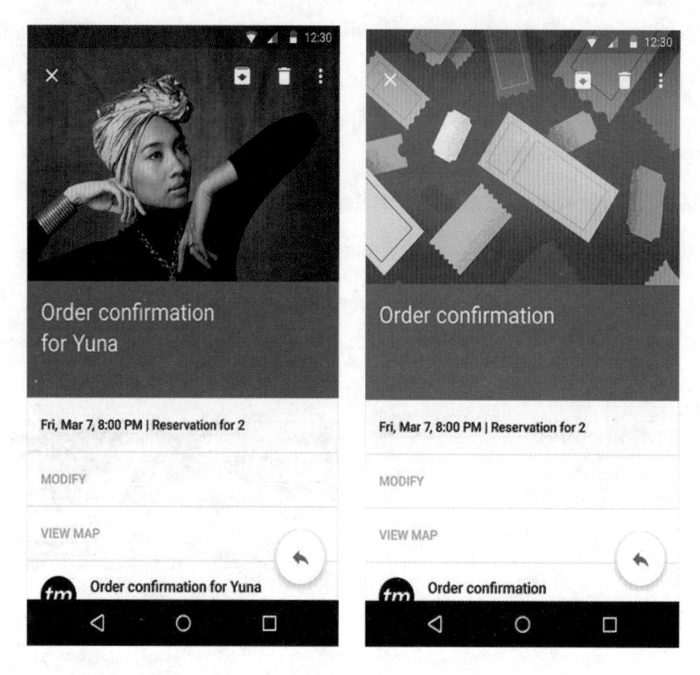


图 4-26

总结一下，卡片式设计之所以成为流行趋势，一个原因是因为它的设计理念与响应式设计很契合。不仅是积木块式的内容与大多数移动用户场景都完美匹配，矩形的 UI 设计元素也是行之有效的。卡片式设计的优势之一在于，它称得上是 PC 机和移动设备的交集，它填补了互动性和可用性之间的差距。正如曾描述过的，卡片式设计为用户创建了一个更为一致的体验，跨越了不同设备。不妨想想苹果设备中的“空投图片”设计。当你有传入的数据时，屏幕上会弹出一种卡片，有两种选择——接受或拒绝。只需一个动作，就可以选择访问（或拒绝）此信息。无论是在智能手机、平板电脑或台式计算机上，操作方式基本相同，这意味着用户在使用时，更容易理解。

卡片式设计特别适用于响应式设计，因为它允许信息根据设备和屏幕尺寸进行调整，但又不破坏整体的布局。由于每张卡片可轻松适应水平或垂直布局，对于不同的设备，界面不需要大刀阔斧的调整，因为每个组件已经整齐地组织在各自的“容器”中了。在响应式设计中，如果能将卡片置于设计框架内，并使其根据断点和屏幕大小而放大、缩小和排序，就能取得最好的应用效果。这样不仅可以让卡片本身能根据屏幕和设备而调整，而且单独的卡片中的内容也可以灵活设计。因为每个卡片都是一个矩形，在矩形内部元素的纵横比方面有很好的灵活性，即使将多个矩形组合在一起也很方便。因此有人甚至称卡片式设计为“移动设备的原生格式”（图 4-27）。

卡片式设计并非只是为了迎合人们的审美需要。一般而言，在容器风格的设计及在响应式设计中，这是最灵活的布局方式，也是最有利于创建一致的用户体验的手段。

图 4-27

卡片式设计背后的设计理念与当今互联网视觉设计的趋势是非常吻合的。用户想要快速地获得信息，而卡片式的呈现方式无疑是最能吸引用户继续浏览的一种手段，同时也起到归类和划分页面信息的功能，任何设备的视觉界面都可以使用这种视觉表现手法完成设计。在规范性方面，卡片式设计要注意以下几点：

a）卡片必须有圆角，不过圆角的大小依据不同的系统，其大小也有具体的参数，以 Material Design 为例，其设计语言就明确规定其魔法卡片得圆角大小位 2dp；

b）卡片可以进行多种操作，例如拖拽、点击、位移等交互方式；

c）卡片可以忽略和重排；

d）卡片可以用来归纳众多同类型信息，帮助页面更好地完成信息梳理，以便引导用户完成高效率的阅读。

虽然说卡片式布局在不同的系统中有不同的参数，但也是有规律可循的，我们还是以 Material Design 设计语言为例：

具体来说，卡片布局在原生安卓系统中的设计准则如下（以逻辑像素进行描述）：

第一，字体设计：正文：14dp 或 16dp；标题：24dp 或更大；

第二，扁平按钮：ROBOTO Medium，14dp，10dp；

第三，屏幕边界与卡片间留白：8dp，卡片间留白：8dp，内容留白：16dp；

第四，卡片统一带有 2dp 的圆角（图 4-28）。

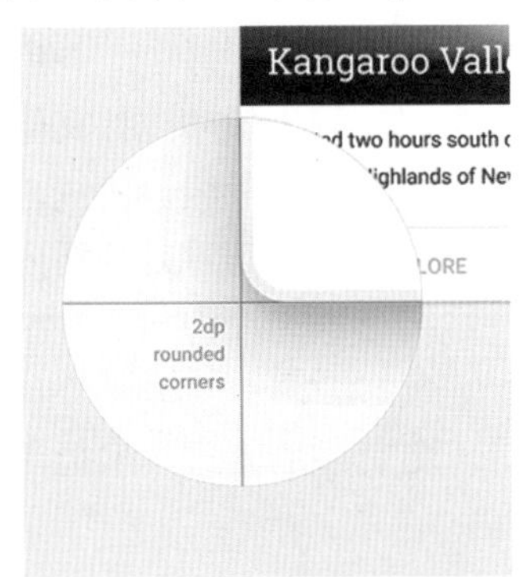


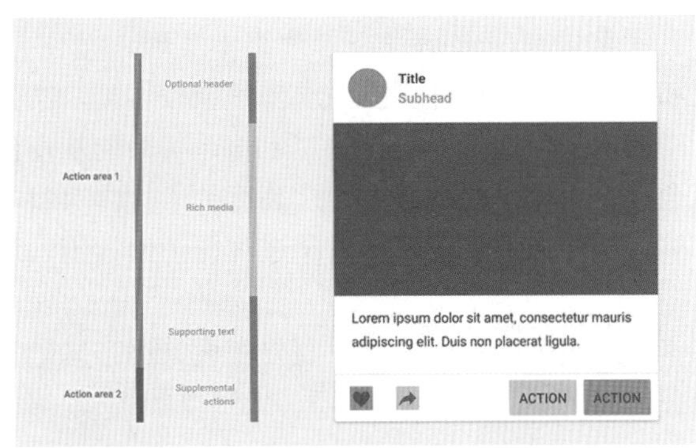


图 4-28

第五，卡片最多有两块操作区域，辅助操作区域至多包含两个操作项，更多操作需要使用下拉菜单，其余部分都是主操作区。那么将这些层次区分出来的方式就是通过纸片边缘的阴影（图 4-29、4-30）。

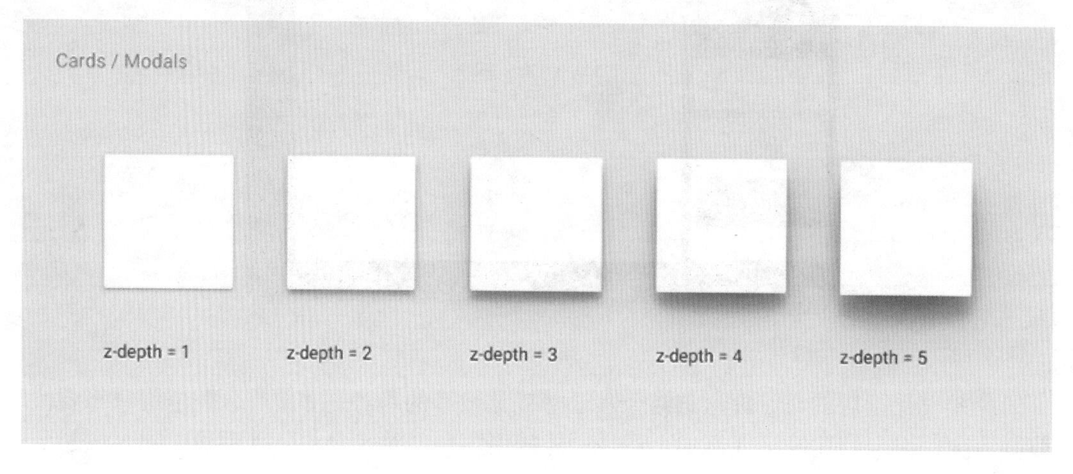


图 4-29

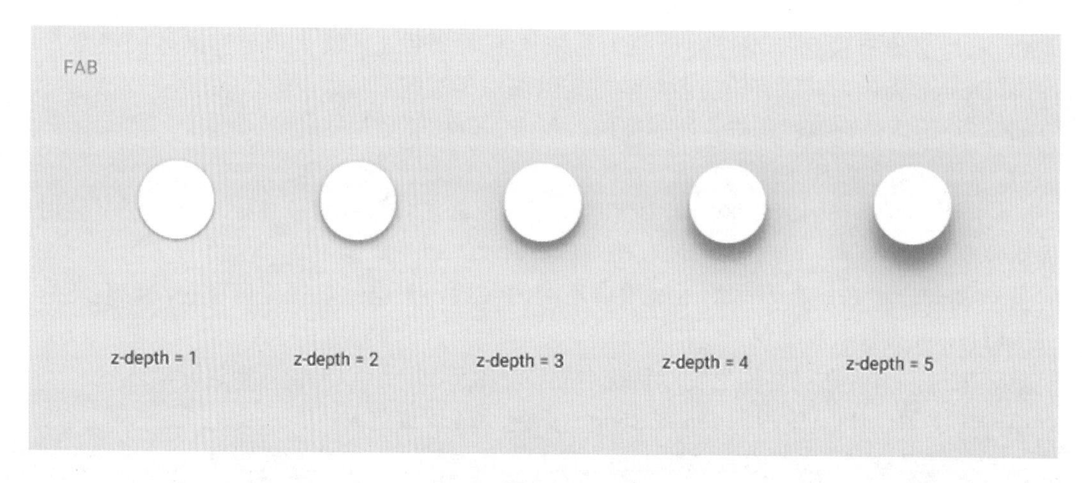


图 4-30

从交互设计角度来看，我们主要讨论它的表现手势，第一，支持单张卡片基础上的滑动手势。卡片手势表现应该始终在卡片组中实现，按住并拖动手势可行。第二，卡片集的筛选、排序和重组。卡片集可以按要求排序或按日期，文件大小，字母表顺序或按其他参数筛选。集合中的第一项定位于集合的左上角，其余的从左到右或从上到下延续。第三，滚动。卡片集只会竖直滚动，超过最大卡片高度的卡片内容将被截断且不可滚动。带截断内容的卡片可以扩展，这样卡片高度就可以超过视图的最大值，这种情况下，卡片将与卡片结合在一起滚动。

未来卡片式设计的发展趋势，需要在设计语言基础上寻求更有趣的方式，来把卡片融合到应用中去。

## 4.3 界面设计中的细节

本章前面的内容，向读者介绍了当前互联网界面设计中正在流行的一些设计风格及设计趋势。可以发现，现在主流的互联网界面的设计风格更多是以扁平化以及伪扁平化的设计趋势为主导来进行的延伸和发展。

设计师在追求具有良好的视觉效果的界面同时，也要去主动的平衡效果与开发成本及信息传递等诸多元素。

通常对于设计中的视觉效果，设计师都要追求像素级别的完美。在视觉界面设计过程中，一定要把界面设计的视觉效果建立在良好的规范性的基础上来完成。在寻求好的视觉界面设计效果的同时，也要考虑到与工程师进行项目和产品对接时，能够更好地提升其工作效率。本节所讲到的设计细节中，包括卡片式设计、投影的使用、微渐变的引入以及色彩的考究，还包括后期页面动效的设计，无不体现出对于界面设计以及交互方式逐步轻量化的核心要求。

所以，对于现有设计风格，也就是伪扁平化为主的设计趋势来讲。需要设计师能够从多方面入手，共同完成和优化现有的设计风格，即使是引入了拟物化效果，也要更加的含蓄，使用的卡片式设计效果时，虽然加入了拟物化的设计手法，但是其投影和圆角的使用都是有标准可循的。

例如，为了达到较为含蓄的拟物化设计效果，在使用卡片投影时，通常会将其投影的效果控制在距离为 1，大小为 10 左右（Photoshop 中投影面板的参数），颜色为浅灰的设置来显示，而且为了更好的视觉效果，设计师也会尽量控制卡片圆角的大小，可以引入折纸以及镂空效果等细节来优化设计效果，如同画龙点睛一般（图 4-31）。

图 4-31

所以，适当的拟物细节可以赋予界面设计更多的情感，还可以提升界面视觉上的层次感，合理的规划页面信息的推送层级，让界面的视觉设计真正做到美观、轻量和好用。在细节的把控和设计上，需要设计师通过大量的实践以及对优秀作品的收集与研究，总结出设计界面的过程中，快速设计出好的视觉效果所需要的条件与方法，包括文字、图片、框架等众多设计元素。

对于一名视觉设计师来讲，从业时间的长短固然重要。但时间不是绝对的衡量标准，设计师能否在平时工作中发现和总结好的设计方法，才是真正的提升之道和生存之本。

# 第 5 章

# 移动端产品的可用性原则

本章将就移动端产品的可用性原则为读者提供一些经验和指导。当设计师在设计一款产品的交互流程和视觉效果的时候，往往都会根据产品所针对的终端设备的特点进行设计工作。设计一款产品时，用户和功能一定是核心，但是，产品最终的落地和实操都是要通过各种终端来展现的，也就是说，用户与产品产生交互关系是通过终端屏幕来完成的。

所以，设备的不同，用户操作产品的环境、信息推送、使用频率、点击方式、使用时间以及交互方式都会有所不同。例如，简单地对比一下以 PC 端与手机移动端之间的区别，可以发现其最大的差异就在于屏幕间。

使用电脑的环境主要是室内环境，通常网络环境较好，也较为稳定，所以用户在使用电脑上网的时候，使用的时间大多比较长，通常以小时来进行计算。那么，对于网页这种互联网信息的传播形式来说，其信息量就会显得更加丰富和庞大，例如门户网站和上网导航就是一种非常典型的信息的传播形式，因为判断出用户将有大量的时间筛选信息，所以这种信息集群类型的传播形式也就成为了网页界面中的一大特点。

但是，这种大信息量的传播形式显然不适合移动端。因为移动端的设备屏幕较小，可携带型很强。以智能手机为例，其屏幕基本上在 4.0～5.5 英寸之间，并且崇尚单手操作以解放用户的另一只手。所以，在使用智能设备中的应用和产品时，时间的碎片化会非常明显，室内或者室外，WiFi 状态或者移动流量状态都有可能，甚至在地铁和电梯中使用的可能性也会很大。

所以，对于手机 APP 来说，需要更加提倡效率型的使用方法，用户一般在使用智能设备时都是以分甚至是秒为单位时间计时的。一定要尽可能在完成用户需求的基础上减少用户的操作成本和使用时间，减少页面的跳转，减少用户的学习成本，这是手机 APP 的交互核心。所以，当人机交互是以用户和移动智能设备为主导的时候，其交互方式就要比电脑更加的多元化了，除了点击，还包括语音、肢体语言以及指纹、声纹和虹膜等识别方式，这都是为了节省用户的操作成本，更加适应不同的交互场景。

手机应用的信息推送，更多遵循移动互联“个性化”的特点，因为用户没有大量的时间筛选信息，尤其是在一些比较嘈杂的使用场景中更是如此。所以，这个时候需要产品帮助用户来做出选择，比如“Boss 直聘”以及“Apple Music”都是根据用户的需求来进行信息的筛选之后完成定人定量的推送。也就是说，它们可以根据不同用户的需求来推荐不同的信息，这样可以节省用户筛选信息所花费的时间，让用户深刻地感觉自己被尊重和重视。比如说“脉脉”在改版之后会对于每一个不同的用户定制一款属于该用户的“头条”，这可以增加用户的查阅量以及留存度。“个性化”的信息推荐可以说是提升用户体验方式上的重大革新，也成为了移动端应用产品在信息推送上的一大特点，而且现在已逐步影响到 PC 端。

## 5.1 手机界面特点

前文介绍过智能手机界面的一些特点，在此全面总结一下。使用智能手机的时候通常是以竖屏显示且大多是以单手进行操作。那么对于智能手机屏幕来说，通常以屏幕上半部分为眼部热区，下半面部分为手部操作热区。所以，通常会把展示类型的信息放在上半部分的眼部热区，而一些重要的操作和点击按钮会放在手机的中下部分，以方便用户的操作。

例如，在有些 APP 中，将返回到上一级的返回键以及部分重要操作功能键放在屏幕下方来展示，一些手机移动产品的登录页面的输入框和按钮也会放置在屏幕中线以下来展示。

设计师要能够在手机屏幕大小，信息合理完整的传递，用户阅读与接受习惯，界面视觉效果的美观以及功能区域操作舒适性之间寻求平衡。

力争使用户记忆负担尽量减少，且尊重用户操作习惯。

在使用移动端设备时，要求尽量减少用户的操作时间成本，并增加产品的易学程度，还能够尊重用户所形成的操作习惯，能够保证快速，智能，高效地完成用户需求。

在设计平台应用的时候，不要混用不同平台的视觉元素。还要注意版本更新过程中视觉风格的延续，重要功能操作图标也要保持其一致性，要保留产品核心功能，遵循用户之前的操作习惯。

由于屏幕较小，所以对于手机应用中的信息展示，通常以新的单页面展示为主。例如，从列表页跳转到详情页就是一个很典型的例子。社交平台中从好友列表聊天页进入到详情页的时候，由于手机屏幕较小及竖屏使用的原因，这两个功能页通常会分别在两张页面展示，如果将这两层信息放在一个屏幕中显示又势必会遮盖住更多的有效信息，所以把这种方式称为页面刷新。

## 5.2　手机 APP 的可用性原则

那么以上就是对以智能手机为代表的移动界面特点的总结。那么，对于手机 APP 来说，除了要从终端特点出发并延展之外，也要注意遵循其自身的特点，并且使所设计的产品如何变得更加易用。对于一款产品来讲，其可用性和易用性无疑是提升用户体验非常重要的部分，设计师设计的产品不光要考虑其视觉效果，更重要的是在产品的使用和操作流程中考虑用户心情和体验。例如，产品传递信息是否全面，提示页和卡片是否能够适时出现，如何去编辑提示卡片中的提示语言等都是需要考虑到的细节。所以，产品的“可用性”是衡量其用户体验非常重要的标杆。产品的可用性大多指的是产品以及系统的质量指标和易用指标，是产品对用户来说有效、易学、高效、好记、错误少和令人满意的程度。

那么，对于手机 APP 的可用性原则有没有一些标准可以遵循呢？下面逐一介绍移动产品中的可用性原则。

### 5.2.1　准确性与便捷性

上文提到，移动端设备在使用时最明显的特点是其使用时间的碎片化以及用户在使用该产品时可能会有很多不同的使用场景。所以如何保证用户在不同的使用场景中能够准确地操作界面并且能够得到正确的操作反馈以解决用户的问题，是每一位设计师需要考虑到的问题。

手机的使用频率可以说是相当高的，因为手机本身就是一种效率型设备，尤其是在一些复杂环境中，手机使用的频率很高，而每次使用的时间则相对较短。

对于手机使用环境来说，可大致分为室内和室外两种情况。室内环境较为稳定，网络环境也更多以 WiFi 为主，用户能够集中注意力并准确操作产品。这种情况一般出现在用户休息时和下班以后，所使用的产品大多沉浸感很强，以游戏和视频为代表，并且通常会依赖稳定的，良好的网络环境才能够正常使用，用户在沉浸过程中非常反感被频繁打断。室外环境不确定因素较多，网络环境不稳定，所以当网络较差时要及时出现加载状态的提示，或应用极速版本的切换来保证用户使用体验的流畅性。所以，在室外使用产品时一般应避免沉浸型较强的功能，并且界面中大多应以图片、文字为主，很少会出现视频等大量花费流量的功能。在这种情况之下，设计师需要让产品高效解决用户的需求，如果由于特殊情况用户的操作被迫中断，产品也要做出及时的反馈以便于将用户的焦虑情绪降至最低。

对于准确性与便捷性的理解，可以分为以下几点。最为浅显的理解便是产品在进行人机交互时需要给予用户正确的引导，在不同的状态下，产品控件的交互样式也应该有所不同。也就是说，在进行产品设计时，设计师要对图标、按钮以及各个控件，针对不同场景和使用情况进行一些处理，同时点击后要进行正确的跳转，以便于用户能够被引导进入正确的页面进行操作。这是产品可用原则中最基本的组成部分，同时也是最重要的。所以，移动产品的按钮和控件在交互的过程中通常会存在以下几种状态（图 5-1），分别是：

a）按钮点击前的状态（默认状态）；

b）按钮点击时的状态（触摸状态）；

c）按钮不可点击的状态。

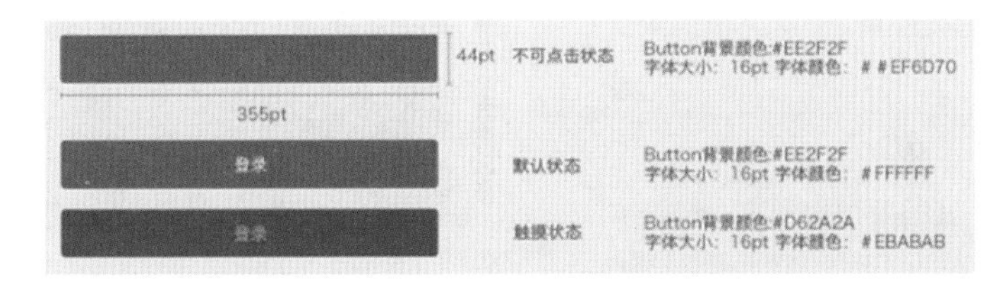


图 5-1

例如，在支付流程中使用银行卡支付时，通常会进行银行卡的筛选，那么这个时候，例如所选择银行卡的余额多于支付所需金额，那么其下方就会的出现“选择并支付”的字样并且按钮也会具备色相甚至是少量投影的悬浮效果来引导用户点击。

反之，如果选择银行卡的余额少于支付所需金额，那么下方的按钮则会变成灰色，用户也就无法进行点击和操作了（图 5-2）。

图 5-2

那么，这就是对于产品准确性与便捷性的重要体现之一，例如所设计产品的控件并没有根据不同的情况调取不同的交互样式的话，那么，用户在进行操作的过程中就会大量出现误操作，会给予用户很多的不良引导，甚至对于产品产生毁灭性的打击。所以出于此可用性原则的要求，设计师在设计一款产品时一定要多方面考虑，对于控件要考虑到可点击与不可点击的两种状态和所对应的交互样式才可以。

其次，对于手机可用性原则中的“准确性与便捷性”，还有一个层面可以理解，那就是减少页面的跳转和用户的时间成本。众所周知的一个道理是，手机是以单页面呈现的“页面刷新”的方式为主来展示的，这是由于其屏幕较小，所以要有一些方法减少当前产品的页面跳转，让用户在碎片化的时间和环境之下也可以提高用户的效率，为了体现这样的便捷性，可以提出以下解决方法来优化产品，提高其可用性，其内容包括：在传统的人机交互方式上加入更节省时间的交互方式，例如语音、动作捕捉、指纹识别、脸部识别以及眼动识别等效果来优化。

一般，在 iOS 系统中进行第三方应用的设计，在支付时验证个人身份的时候总是将指纹识别放在最优先的位置，因为这种验证方式是最安全也是最快速的。而且，指纹识别也是苹果手机所提供的最重要的功能接口之一，假如指纹识别出现问题，才会调取其他的支付方式来进行辅助（图 5-3）。

图 5-3

另外，对于“准确性与便捷性”的理解，还可以通过信息传递的方式来诠释。对于私有化现象明显的智能手机来说，信息传递的准确与快速是产品的真正核心需求。那么，产品如果可以为用户进行信息的过滤和筛选就显得非常人性化了，试想一下，如果用户所看到的信息已经是通过筛选过之后的结果，那么用户在阅读时就会更加便捷和快速。

移动互联的特性之一就是“个性化定制”，通过用户使用产品的记录和产品对用户需求的调研，可以为各种不同的用户推送不同的消息，实现信息分配上的“因人而异”。所以，信息个性化定制和推送必然是未来产品在用户体验上发展的必然趋势。

总结一下“准确性与便捷性”的可用性原则。第一点：对于产品的视觉控件要根据不同的情景设计和调取不同的交互情景与之匹配。第二点：当用户对产品信息的理解不到位时，会造成用户试错成本的增加，所以产品可为用户提供尝试的可能性，帮用户选择更匹配的产品和更准确的信息。例如，淘宝试妆台以及淘宝直播的功能植入，可以增加用户与信息源的同步接触。第三点：“个性化”的互联网信息推荐形式也会更加准确地为用户匹配信息，提升用户体验。

## 5.2.2 一致性原则

对于一致性原则的理解，主要可以分两个部分。

### 1. 视觉一致性

a）对于一款产品进行视觉设计的时候，一定要按照控件的功能进行区分，以保证界面风格的一致以及控件效果与形态的一致。

b）对于一款产品，其视觉效果主要是根据产品所服务的人群以及产品的行业特点来确定的，所以其用色、控件的形状等视觉元素都是有很多可以深入和考究的地方。例如，当设计师准备针对一款健身运动类产品进行视觉设计的时候，那么其视觉风格一定是以干练、力量以及清爽等关键词来进行设计（图 5-4）。

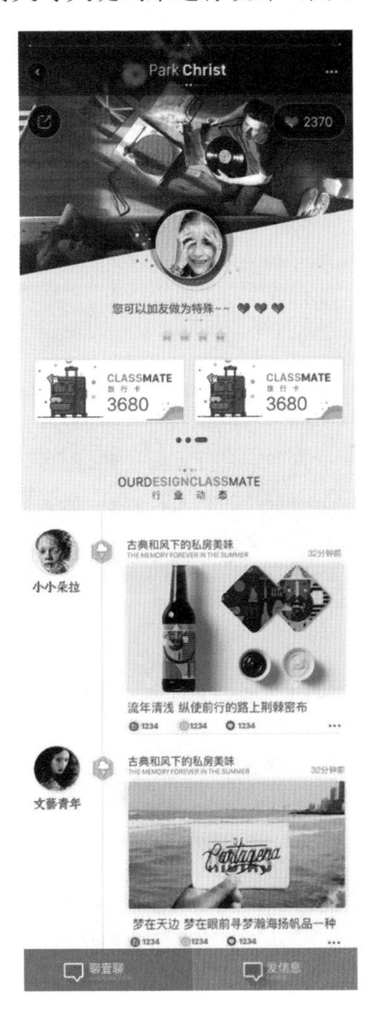

图 5-4

所以，为了保证产品控件的视觉一致性，当产品设计完成之后会专门针对此产品编写其视觉“规范性说明文档”，以便与工程师顺利地进行对接。还有一个作用便是，当产品因版本升级进行新页面的设计时也能够保证其视觉效果的一致，从视觉上迎合用户的使用习惯。在其中，也会对产品中常用到的一些公共控件、标准色以及标准文字的组合以及使用规范进行重点标注和归类。“规范性说明文档”的编写在后文会详细介绍。

#### 2. 操作方式的一致性

操作方式的一致性也是产品“一致性”原则中非常重要的组成部分，例如信息在推送的过程中，采用什么动效来展示，以及当用户点击列表或者按钮的时候，得到的反馈也应该有所不同，并且根据点击不同的功能控件选择与之相匹配的动效来展示。iOS 以及 Material Design 设计语言都对此做出了明确的规定。

再来举一个例子，大家所熟悉的“侧滑式”布局，按照用户的操作习惯，通常都会把侧滑的弹出方向默认为从左往右，并且触发侧滑式布局的图标也应该和侧滑的位置保持一致。那么，如果在其余二级页面也存在侧滑式布局的话，最好也将其侧滑弹出的方向和动效与当前页面保持一致，用户在进行交互的过程中就会感觉更加的统一，用户体验也会更加良好。

### 5.2.3 可逆性原则

从字面意思上来理解的话，可逆性原则就是“从哪儿来回哪儿去”，也就是说，在产品的二级页面中一定要加入能够返回上一级的“返回”控件，确保用户在产品交互过程中的完整性（图 5-5）。

图 5-5

事实上，移动产品“可逆性原则”不仅仅是返回键的加入这么简单，从更深层次上来看的话，“可逆性原则”所体现出来的是对于用户在操作产品出现问题或者操作后没有达到预想的结果，此时，产品该提供什么样的解决方案来避免和降低用户的焦虑感。用户在使用产品的过程中只要出现想返回的想法，那么一定是有以下两点原因：

a）操作完成；

b）操作失败或者信息推送结果与用户需求不匹配。

当出现第二种情况时，产品就只能靠“返回上一步”解决问题了。在产品交互设计过程中，有一个工作环节叫做“用户虚拟流程分析”，设计师会就用户在操作产品交互流程时的各种情况进行标注，例如，用户在当前页面操作成功时，会进入到哪个页面，当用户操作未成功或者操作的结果并没有达到用户的预期时，用户会留在当前页面还是进行页面的跳转。图 5-6 所示便是“用户虚拟流程分析图”的例子（图 5-6）。

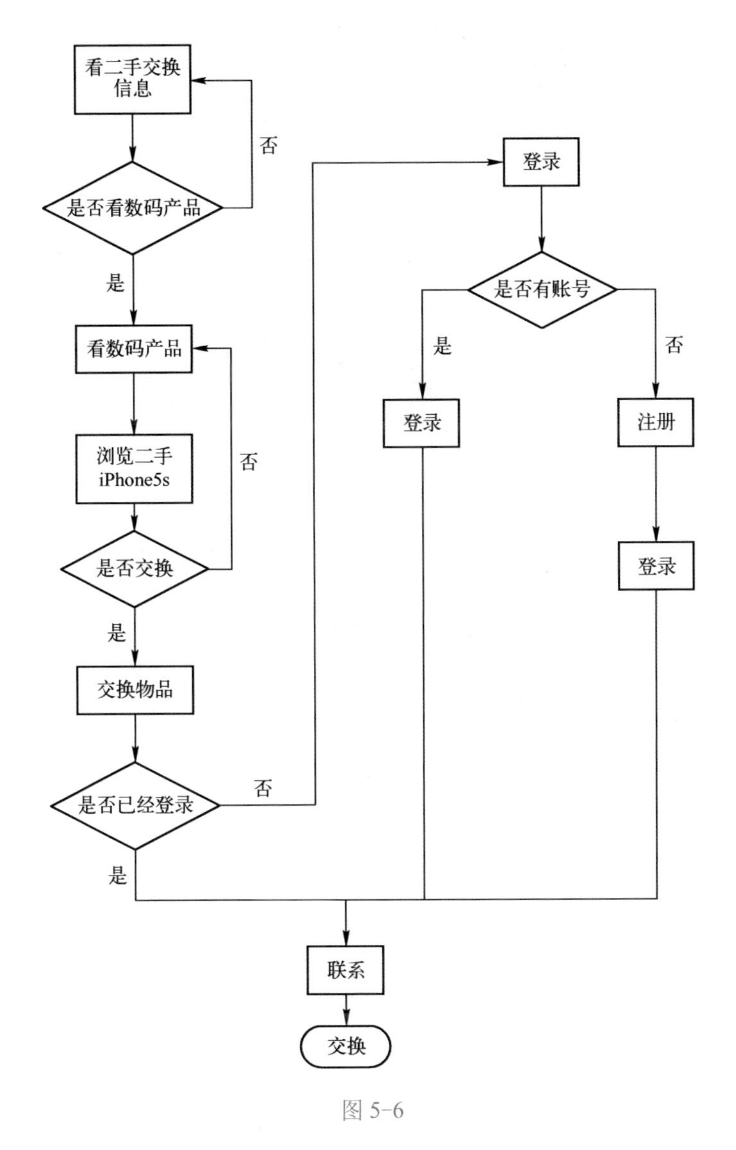


图 5-6

例如，当用户在搜索页面没有搜到想要的结果时，产品不要只是提供返回键让用户返回到上一级页面或者重新搜索，这样的话会增加用户的时间成本，也会使得用户的情绪变得更加焦虑，甚至产生对于当前产品的不信任感。所以，这个时候需要给用户提供多种解决问题的路径。例如，需要分析用户在输入关键词的时候是否输入正确，并且给予用户可能正确的一些相关关键词或和用户输入的搜索词相关的信息作为备选。如图 5-7 所示，加入“为您推荐”功能，这根据用户输入的搜索关键词进行相关产品和信息的推荐，以便于减少用户的焦虑感，并且能够在解决问题的同时不用进行页面跳转。

图 5-7

那么，设计师在设计一款产品可逆性的时候，一定要充分考虑到当用户操作失败的时候，产品如何进行处理？假如这一个部分没有加以充分的考虑，那么产品注定是无法满足用户的需求的。

所以，“可逆性原则”对于产品来说，是决定产品是否易用与可用的决定性因素，也是能否在人机交互过程中为产品与用户快速建立信任感的“关键性纽带”，毕竟设计产品的根本目的还是为了解决问题。

## 5.2.4 容错性原则

当前产品的容错性已经越来越被重视，作为评判产品用户体验的标准，操作错误对用户体验的影响无疑是灾难性的。本节就产品的“容错性原则”进行阐述。

其实“容错性”是可用性的一个非常重要的细分模块，主要功能是当用户进行重要操作或操作错误的时候给予用户必要的提示，以免用户出现重大的操作失误而造成不必要的损失。

这种原则在 PC 端为代表的传统互联网时代就已经广泛应用了，例如当用户在使用 Windows 系统时，如果用户想要执行“彻底删除文件”的命令，文件在被删除前会出现一个关于是否彻底删除的提示，以便给用户一个缓冲。这虽然是交互设计中一个非常微妙的细节，但其作用非常重要，可以有效地避免用户误删除重要文件（如图 5-8）。

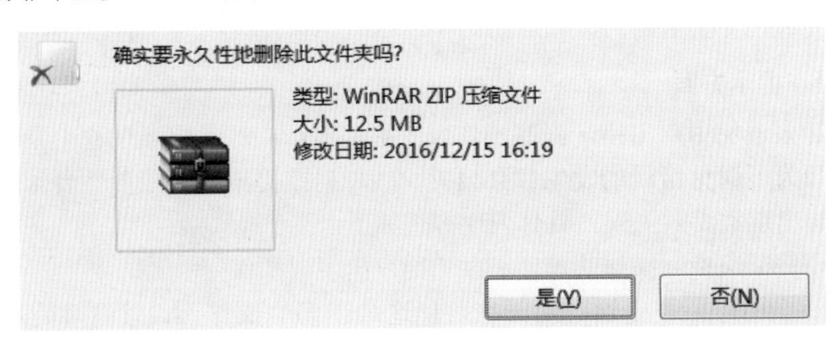


图 5-8

我们根据唐纳德·诺曼的《设计心理学》中关于错误的分类及错误设计原则，尼尔森的《可用性工程》中错误信息四原则以及《十大可用性原则》中第七条和第九条中提到的关于防错原则和容错原则的内容，为“容错性”下一个定义：

容错性是产品对错误操作的承载性能，即一个产品操作时出现错误的概率和错误出现后得到解决的概率和效率。容错性最初应用于计算机领域，它的存在能保证系统在故障存在的情况下不会失效，仍然正常工作。产品容错性设计能使产品与用户的交流或人与人借助产品的交流更加流畅。由此可见，容错性设计原则是非常重要的，并且是不可缺失的。因为，再优秀的产品也不敢保证用户在操作过程中不会出错，所以，容错性原则一定是设计师需要重点考虑的内容。容错性设计原则主要可以总结为以下几个方面。

### 1. 引导和提示

当一款产品上线之后会吸引很多用户下载和使用。在这些用户中，初级用户占据了相当一部分，那么如何使这些初级用户能够快速的上手和使用，产品的引导与提示就显得非常重要了。例如当初级用户初次使用这款产品进到一些核心界面时，会出现页面变黑，提供详尽的说明文字和使用指导（如图 5-9）。

图 5-9

为什么需要这样的交互方式呢？因为普通用户和专家用户可能已经熟练使过产品很多次，对流程有了较为深入的认识。而对于新手用户来说，初次使用过程就是一个学习和熟悉的过程，这时候正确地引导和提示会显著减少用户的操作及学习的成本。此外，针对用户搜索无结果或者搜索结果不匹配的情况，产品会智能地根据用户的出错原因给予引导或者推荐相关的内容和关键性文字给用户。

### 2. 限制操作提示方案

如何从设计上避免用户出错，限制操作或者限制提示在产品交互过程中是一种非常必要的方式。设计师为了避免错误的发生都会设置一些障碍或提出一些限制性要求，以便减少用户在操作产品时出现重大的失误，具体表现方式如下：

（1）增加一些无法挽回操作的难度，以免用户出现误操作

在产品设计当中，主要是通过对一些可能造成错误的操作入口设置障碍或直接禁止操作，以避免出现重大错误。其实这种做法是非常常见的，比如在使用苹果手机时，在桌面删除和卸载应用时，为了避免用户出现卸载类似于“短信息”“照片”等原生应用的情况，在卸载界面时就不显示卸载的按钮，这样就可以有效地避免出现上述的情况。

（2）在不适合操作的环境中适当限制用户的某些交互操作

这个概念的本质就是根据产品不同的情况来调取和显示不同的交互样式来给予用户进行提示。设计师会通常直接把不能操作的部分设计成为灰色的区域以提示用户当前功能不可操作。例如，当用户在执行移动端登录功能时，在登录页面中，只有用户正确填写了用户名称和密码的情况之下，确认登录的按钮才会变成可点击的效果，假如其中的任何一个信息发生错误，那么登录按钮就会显示成灰色，以提示用户不可操作该功能（如图 5-10）。

图 5-10

（3）反馈和帮助的提示卡片

a）当用户有些错误发生时，及时反馈错误并提供纠错帮助。

b）在提示卡片中需要包括以下内容：

- 错误提示图标；
- 错误以及提示原因；
- 解决方案，并且要通过视觉符号的塑造来引导用户进行操作。

例如，当用户在非 WiFi 的状态下观看视频时，为了避免用户耗费不必要的流量，这时就会出现相关的提示卡片（如图 5-11）。

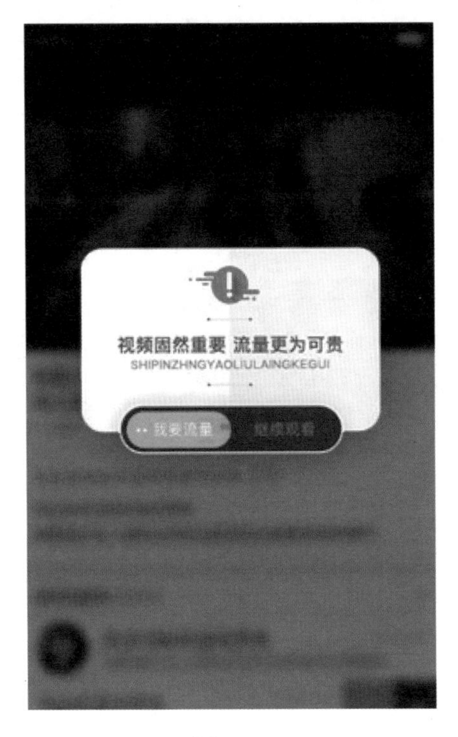


图 5-11

在该卡片提示的过程中，产品会建议用户节省流量，所以在所提供的解决方案中，会将“我要流量”的视觉效果做得更加明显，以便引导用户点击。实践证明，用户会下意识的点击更为明显的控件，所以，需要设计师在控件选择上给予用户一些选择和提示。但是如果操作的错误还是不可避免的发生了，那么在这时候进行合理恰当的提示可以尽可能地减少用户的挫败感。

还是以搜索功能为例，当用户使用产品进行搜索但并没有搜到用户想要的结果时，就需要产品及时的分析用户没有找到相关信息可能出现的原因是什么，并且进行一些必要的相关信息的推荐。在提示的时候要简洁明了，并且表现出适当的歉意以减少用户内心的焦虑感，甚至可以直接提供“在线咨询”等功能来进行弥补。图 5-12 所示的是一些搜索失败的提示设计，颜色一般用一些比较舒缓的暖色。对于卡片的出错信息应当用清晰的语言来表达，不要使用太过于专业的语言，以避免用户出现更大的焦虑。

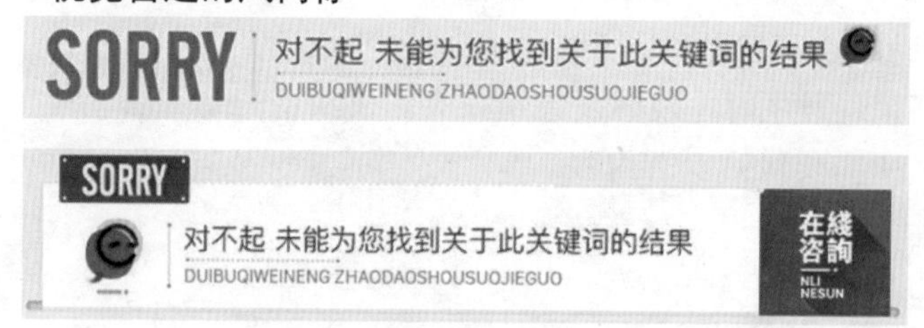


图 5-12

在错误反馈卡片中出现的文案要确保清晰和准确，这样便于用户了解错误的原因，方便用户正确地做出下一步的判断和操作。在移动端注册过程中，当用户输入的密码不符合要求时，会用红色文字反馈错误及其原因以指引用户，那么用户就知道问题出现在哪里并且知道怎么修改了（图 5-13）。所以，对于用户进行操作时出现的失误要及时地提示，并提出相关的解决方法，以免出现重大到的错误，造成用户的困扰。

图 5-13

### 5.2.5 提示语言的亲和力

其实“提示语言亲和力”，更多是对“容错性”原则的一种补充，主要是规范产品在给予用户引导时的提示语言进行考究，以便减少和降低用户出错时的焦虑情绪。所以提示框的语言描述要使用具有亲和力的语言，也可以结合时下的一些热词安抚用户的情绪并给出解决方案。

出错信息应当友好并富有亲和力，不要出现责备用户的语气。如果按照可用性的理论来说，用户永远都是被服务的，只有产品的问题需要不断地进行优化，也就是说，不要试图从用户身上找问题，只是产品本身不能正确的解读用户的操作行为而已。所以不要在错误信息中出现责备用户的语气，反而应该更加诚恳地为用户解决出现的问题，并且实用富有亲和力的语言为用户提供“情感支持”，再主动找出并处理用户遇到的问题，这样能有效地缓解挫败带来的强烈的负面情绪和刺激。处在这样一个崇尚“服务设计”的时代，产品需要照顾到更全面，更细致的用户体验，以便与用户产生黏性，所以作为纠错以及警示的提示语言来说，无疑是很重要的（如图 5-14）。

图 5-14

出错信息在提示时应当对用户解决问题提供建设性的帮助，在用户操作的过程中，出现错误要及时反馈并提示，使用户可以尽早发现错误。同时要及时提供纠错帮助，优先进行系统自动纠错，如果不行的话就要调取纠错帮助，这样即使用户操作错误了，及时地进行纠错就显得极为高效了。

## 5.2.6 产品的易学习性

好的设计往往在创新的同时也会充分考虑到用户使用的体验，用户是否可以快速上手是设计师必须要考虑到的重要因素。如果一款产品中的主要功能会大量耗费用户的学习成本，使用户在操作过程中感觉不舒服，那么用户就会选择弃用该产品。

设计师在针对一款产品进行功能升级时是离不开“创新”的，但是新功能推出之前，往往都要不断地测试如何可以让用户快速上手，减少用户的学习成本，并且提升产品的可用性。也就是在创新的同时不增加用户的学习成本，这样的结果是最好的。例如微信在加入“语音聊天”的功能时便是如此，语音聊天可以让用户利用移动端进行社交时变得更加方便，是在用户体验上一个极大的创新。

产品的“易学习性”主要表现在以下几个方面：借助形态语言、功能语言、动作语言等方面进行人机交互方式的补充，也就是人机交互的方式要更加多元化，设计师的视野也要更加的广阔，需要更多挖掘用户本能的一些反应作为操作的主要方法。“语音转文字”就是一个非常典型的“易学习性”的案例。以“讯飞输入法”为例，由于其增加产品对于用户语音的识别能力，用户通过说话便可以完成文字的输入以及编辑，极大减少了用户的操作及修改的成本，增加了产品的可用性，而且用户付出的学习成本是极低的。这样也就很好地平衡了“功能创新”“学习成本”“使用习惯”这三者之间的关系（图 5-15）。

图 5-15

产品的功能升级以及用户快速上手使用是能否吸引用户并增加用户留存度非常重要的标准。所以，行业才会不断地提出功能轻量化的这一说法，其本质还是由于手机等智能产品的使用场景的碎片化以及时间的不定性造成了产品的功能要求更加高效，也要更加的方便用户上手使用，以减少用户的学习成本。

在产品设计的过程中，设计师不仅要考虑到产品的视觉效果，还是要从产品的使用情景、用户操作习惯以及信息的推送方式等方面来考虑影响用户的体验。因此设计师在设计和规划产品的过程中应不断地总结产品的可用性原则，让产品变得更加好用的同时，也尽可能地避免设计者片面的根据自己主观认识对产品进行设计，做到真正的“以人为本”。

第 6 章

# 了解原生安卓系统

# 6.1 原生安卓系统

最初，安卓是旧金山一家公司的名字，这家公司在 2005 年被谷歌收购，由谷歌公司和开放手机联盟领导。如今安卓已经成为一个独立的生态系统，代表了当今行业的主流趋势，在市场上占据着举足轻重的地位（如图 6-1）。

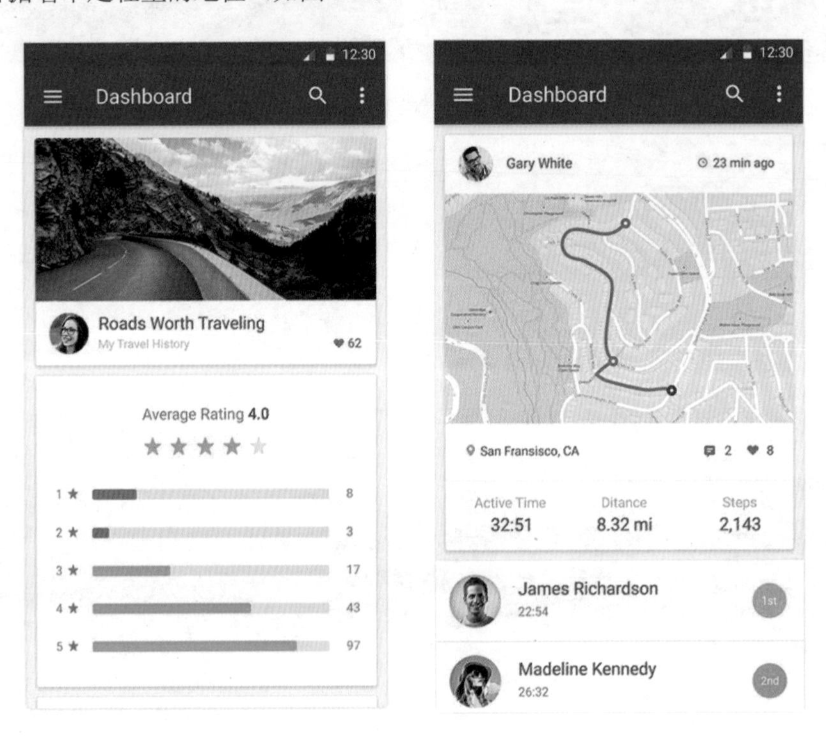


图 6-1　原生安卓界面视觉效果

首先，了解一下安卓的发展史。2003 年，Andy Rubin 等人创建安卓公司，并组建安卓团队，2005 年 8 月由谷歌收购并注资。安卓操作系统最初由 Andy Rubin 开发完成，是一种基于 Linux 内核开源的移动设备操作系统，主要应用于智能手机和平板电脑。2007 年 11 月，谷歌联手 34 家硬件制造商、软件开发商及电信运营商组建开放手机联盟，共同研发并改进安卓系统，并且以 Apache 开源许可证的授权方式，发布了安卓的源代码。

2008 年 9 月，谷歌正式发布了安卓 1.0 系统，随后在 2008 年 10 月发布了第一部安卓智能手机——HTC G1。这款手机不仅采用了滑动屏幕设计，QWERTY 全键盘也被隐藏在屏幕下，同时还支持多点触控功能。当然它的其他一些设计元素至今还沿用在安卓设计之中，例如：下拉通知窗口、主屏小插件、深度 Gmail 整合、安卓市场。安卓操作系统还被应于到平板电脑、电视、数码相机等设备之中（图 6-2）。

从安卓 1.5 版本开始，安卓开始用甜点作为版本代号，这是具有里程碑意义的一个版本。从界面角度来看，1.5 相比 1.1 更为光滑、精致，比如搜索栏支持具有半透明效果，屏幕设有虚拟键盘。这是虚拟键盘首次出现在安卓系统上，也意味着全键盘的设计从此将不再出现在安卓系统之中（图 6-3）。

图 6-2

图 6-3

2011 年第一季度，安卓在全球的市场份额为 48%，首次超越塞班成为世界第一。到 2013 年，安卓市场份额达到 78.1%，全球使用安卓系统的设备达到 10 亿台。安卓 4.4 于 2013 年 11 月 1 日正式发布，此次系统的发布，系统不仅得到更新，还提供了各种实用的小功能，UI 也更现代智能化了。而安卓 5.0 可以说开启了安卓系统新篇章，提升了与供应商硬件的匹配程度，解决了卡机问题。从风格来看，安卓 5.0 使用一种新的 Material Design 设计风格，又加入了透明度方面的改进。同时界面还加入了五彩缤纷的颜色、流畅的动画效果，呈现出一种清新的风格。采用这种设计的目的在于统一安卓设备的外观和使用体验，并适用于各种移动端设备。Material Design 将安卓的 UI 设计推向了一个更高的层次，以人性化的细节、动画设计，为用户带来很强的视觉冲击力，也使谷歌成为用户界面这一领域最大的获胜者（图 6-4）。

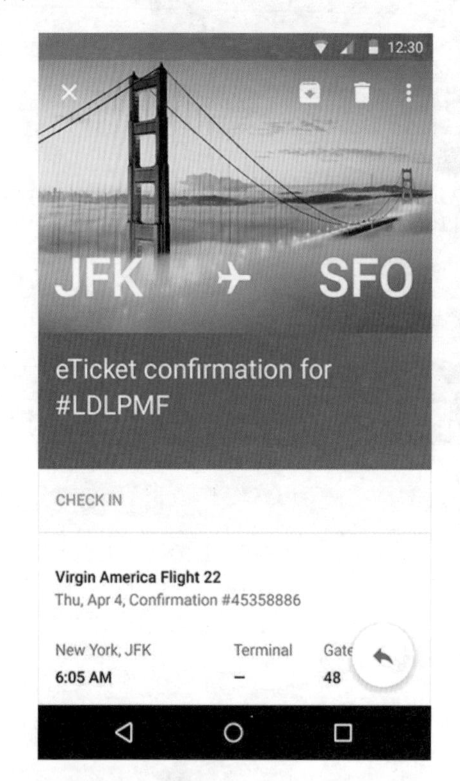


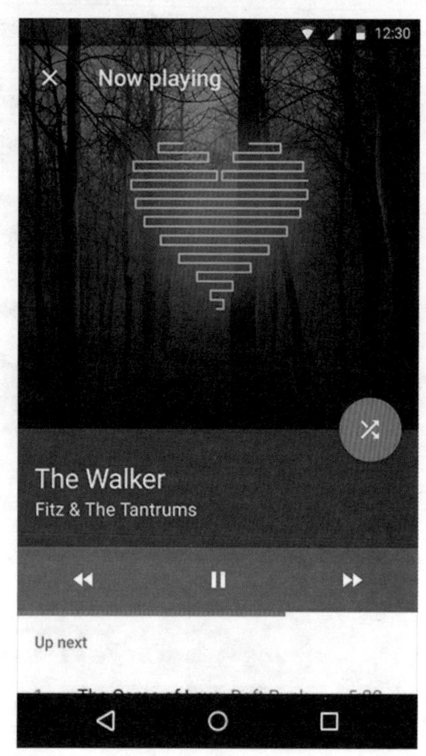


图 6-4

安卓和 iOS 哪个好？有很多人经常会问到这个问题，首先从情感上，你喜欢哪个，哪个就好，但是安卓和 iOS 还是有很大差别的。iOS 来源于 Apple 的 OSX，是 UNIX 系统，OSX 已经有差不多十年的历史，从内核底层到软件架构都是逐步发展过来的。iOS 使用 Object-C 这个古老的语言来开发。而安卓绝大部分都是使用 Java 开发，谷歌在底层也修改了很多东西，安卓可以算是一个全新的操作系统。因为安卓使用 Java，上手容易，开发效率会更高，而 iOS 没有虚拟机，性能要好一些，当然这个差距会随着谷歌的改进越来越小。iOS 的开发框架基本上和 Mac 上通用，相同的理论知识，可以同时开发手机和 Mac 应用，但是安卓没有这样的优点。从另一方面来看，Apple 严格控制着 iOS 系统，在大部分情况下，第三方应用是无法拿到所有 API 的，这意味系统级别的很多功能只有 Apple 能做，当涉及用户隐私 iOS 会弹出相应的对话框来询问用户。相反安卓完全不一样，首先安卓属于开源，安卓允许自由替换系统组件，安卓也没有限制 API 的情况。系统级别的权限是下放到厂商手中，在厂商同意的情况下，第三方开发者可以做任何事情。而普通应用的权限认证也是在安装的时候就一次性授权完成。第三点，iOS 上唯一下载应用的途径就是 App Store，开发者做应用上线还要通过 Apple 审核，如果使用不合格的应用，Apple 就会下架该产品，管理非常严格。反过来安卓上管理非常松懈，厂商可以内置应用，在手机上预装一些不可删除的软件。开发者不用经过审核，就可以上传软件，所以说，谷歌的官方市场是个自由市场。同时，国内还存在很多第三方软件市场，比如豌豆荚之类（图 6-5）。

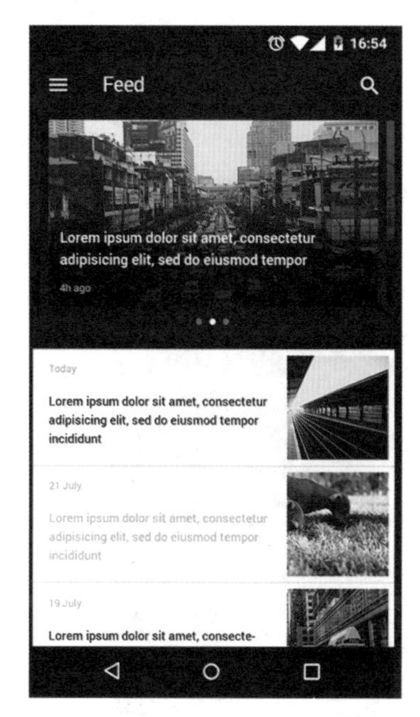

图 6-5

## 6.1.1 安卓系统的导航方式

就具体布局方式和控件而言，安卓和 iOS 也有很多区别。安卓一般将 tab 置于页面顶端，通过滑动和点击来切换 tab 栏；当 tab 数量多时，tab 本身也可以滑动切换。而 iOS 的 tab 一般置于页面底部，只能通过点击进行切换（图 6-6）。

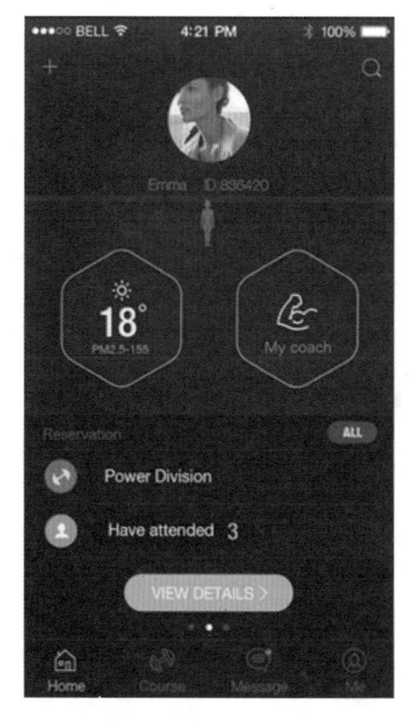


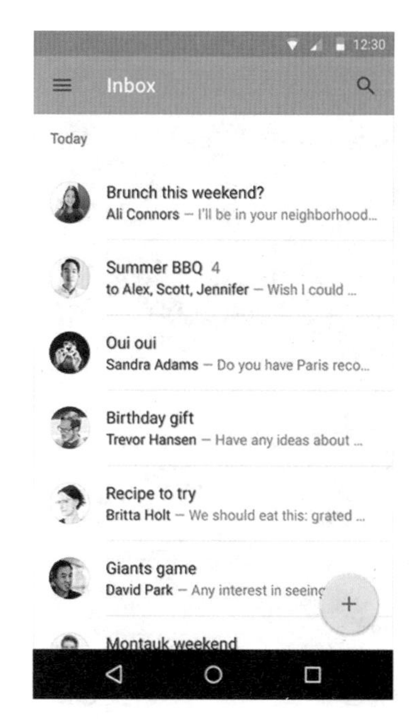


图 6-6

## 6.1.2 单个项目的操作

在安卓中，单个项目操作方式有两种：点击和长按。通过点击可以进入新的页面；而长按则可以进入编辑状态进行具体操作。在 iOS 中，同样也有两种操作方式，与安卓操作方式相同（图 6-7）。

图 6-7

## 6.1.3 布局方式

安卓一般为左对齐，而 iOS 更多为居中的对齐方式（图 6-8）。

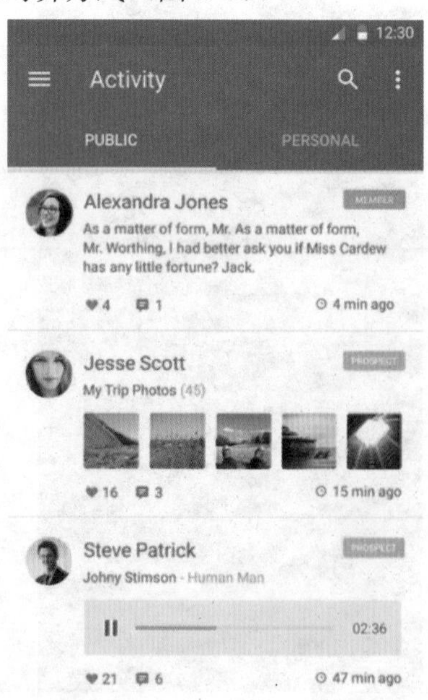


图 6-8

## 6.1.4 实体物理控件

iOS 只有一个“HOME”键；安卓里面有三个虚拟键：“BACK”键，“HOME”键和多任务键。在大多数情况下，“BACK”键和页面中的返回功能一样或者还可以切换应用（图 6-9）。

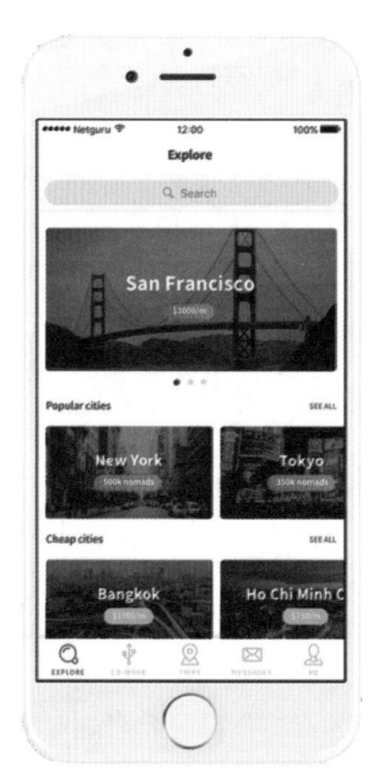

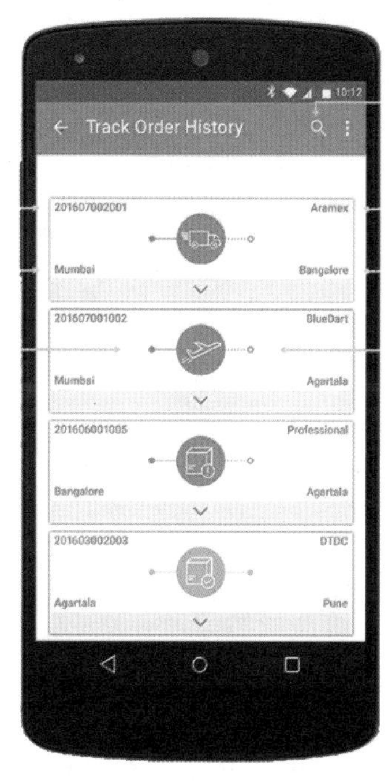


图 6-9

## 6.1.5 动效规范

图 6-10

两种系统的动效差别似乎不是很大，但是 iOS 实现过程中会更加流畅，卡顿现象很少会发生。而谷歌推出的 Material Design 的动效变化很大。最突出的一个特点就是加入悬浮按钮，代表着这个页面的主要操作，可以放置在页面上部或下部，通过其发生的动画可以及时反馈用户操作（图 6-10）。

下面针对国内安卓开发市场进行分析。目前国内的安卓开发还是主要以应用开发为主，主要分三类：企业应用开发、通用应用开发和游戏开发。具体分析如下：

a）就职于大公司的开发者一般为企业自主品牌设计移动端总体方案。除了根据需求对系统进行定制外，更多的工作是为这些系统编写定制的应用。

b）就职于初创型公司或者独立的开发者，通常靠外包开发或者通过谷歌的移动广告分成来盈利。

c）应用开发和游戏开发与第二类相类似，外包开发所占的比例是很大的。

关于国内安卓开发，不得不提起一个词：碎片化。安卓的碎片化主要表现为：第一，终端的碎片化，即开发者需为不同版本操作系统和不同硬件配置的终端进行应用适配；第二，应用商店的碎片化，除官方安卓商城外，还存在各 OEM 厂商内置并运营的商店，渠道过多且分散。

布局方式也是应用界面开发的重要内容，在安卓中，共有五种布局方式，分别是：框架布局、线性布局、绝对布局、相对布局、表格布局。

a）框架布局。这个布局可以看成是在墙脚堆东西，有一个矩形，依次在墙角堆放东西，后放的东西会盖住原先的东西。这种简单的布局方式只能放置简单的内容。

b）线性布局。从外框上可以将其理解为一个 div，它是自上而下排列在屏幕上的。在每一个线性布局里又包括垂直布局和水平布局。在垂直布局里，每一行只有一个元素，当有多个元素时依次垂直往下排列；而在水平布局里，只有一行，每一个元素依次向右排列即可。

线性布局有一个重要的属性：weight。在垂直布局中，weight 代表行距；在水平布局里，weight 代表列宽，二者成正比例增长。

c）绝对布局。绝对布局相当于在 div 盒子里指定了绝对属性，并且用坐标轴来表示元素的位置。这种布局方式虽然简单，但是在垂直切换过程中出现多个元素时，计算起来也比较复杂。

d）相对布局。在相对布局中，可以将某一个元素看作参照物来确定其布局方式。

e）表格布局。表格布局和 HTML 中的 TABLE 比较类似，在其中又包括表格行，表格行可以定义每一个元素。

以上五中布局方式可以结合应用，而每一种布局方式都有自己独特的方式，以保证界面的美观性。

在市场中，安卓适配的机型有很多，其常用的分辨率主要概括为以下几种：1920px×1080px，720px×1280px，480px×800px，640px×960px，600px×102px。在这几种分辨率中，1920px×1080px 和 720px×1280px 用得更多。

## 6.2 走进 Material Design 设计语言

谷歌在 2014 年发布了全新设计语言—Material Design，带有浓郁的谷歌式严谨和理性哲学风格的 Material Design 自从发布以来备受关注。

Material Design 的出现主要是为了统一原生安卓智能手机、平板电脑、台式机以及其他平台的视觉元素，以为其提供更具一致性视觉外观的设计语言和规范。Material Design 意为质感设计，其核心思想是在屏幕中体验物理世界，同时也秉承了经典的“魔法卡片”的视觉设计思维。换句话来说，该设计风格保留最原始纯净的形态、空间关系、变化与过渡，加以灵活的虚拟特性，以此来还原最贴近真实的体验，最终实现简洁明了的视觉效果（图 6-11）。

图 6-11

在 Material Design 中，卡片是承载信息的重要载体。除了具备与现实中卡片相同的属性之外，它还拥有其独有的特性，比如：伸缩、改变形状，随着卡片大小变换隐藏或显示内容，多个卡片拼接或分裂。此外，站在空间的角度来看，在 Material Design 中存在 Z 轴，且垂直于屏幕，可以此表达各元素之间的层叠关系。所有元素的厚度都是 1dp。而对于同种元素的相同操作，抬升的高度是一致的（图 6-12）。

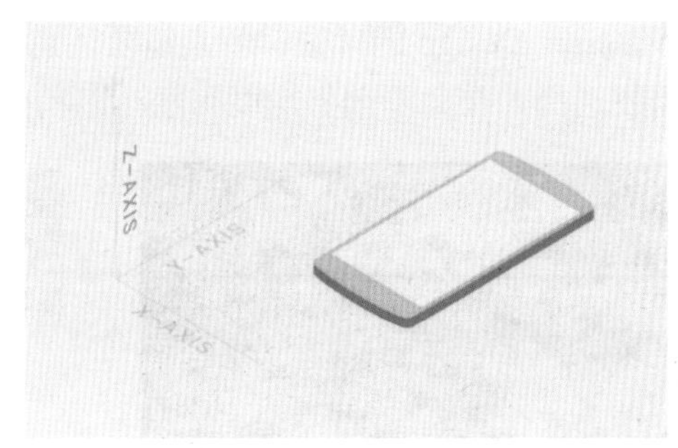


图 6-12

## 6.2.1 Material Design 的动画效果

在 Material Design 中，为了更好地表达元素、界面之间的关系，展示功能，可加入的动画的效果。包括以下几种。

a）释放。为了使动画逼真，必须特别重视释放，并且要结合物理学知识，掌握其运动规律（图 6-13）。

图 6-13

b）水波反馈。这是必不可少的反馈动画效果，它可以更好地将点击的位置与操作相联系，展示动画的功能特点。

c）转场效果。每一个动画的设计应该有先后顺序，界面跳转可以通过过渡动画来表达空间的层级关系，以起到引导视线的作用。

d）细节处理。这里主要指细节动画的设计问题，具体表现通过图标的变化等方面来传达丰富的视觉效果（图 6-14）。

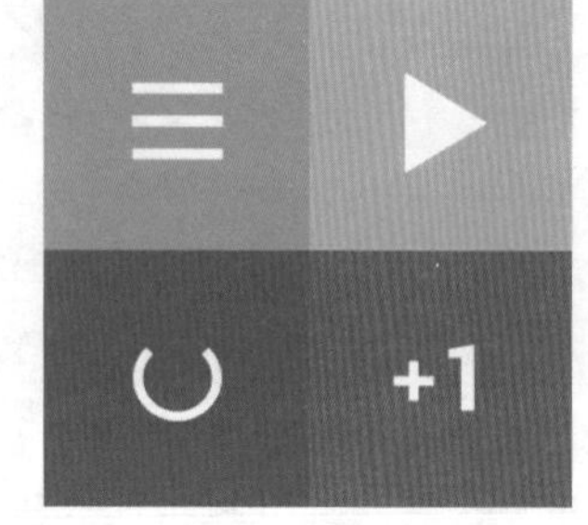


图 6-14

在使用 Material Design 的时候，特别需要注意的是，颜色不宜过多，但必须要有主色，辅色则可按需要选择，在此基础上加以明度、饱和度的变化即可。（如图 6-15）

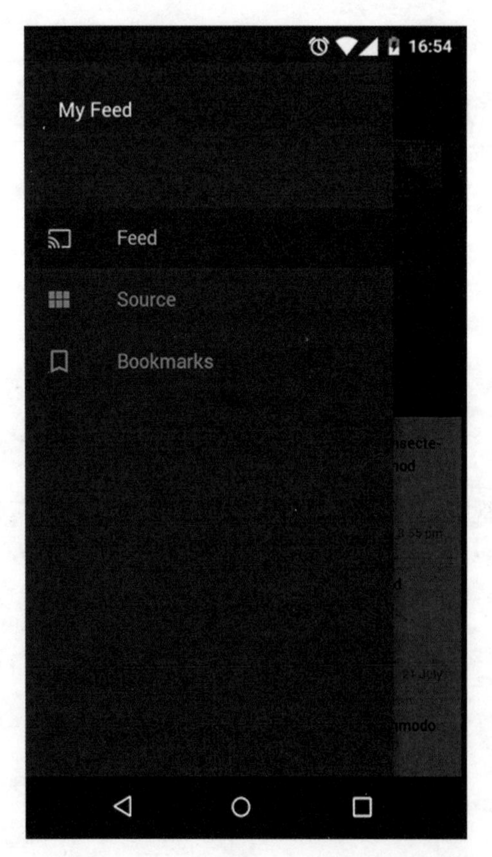


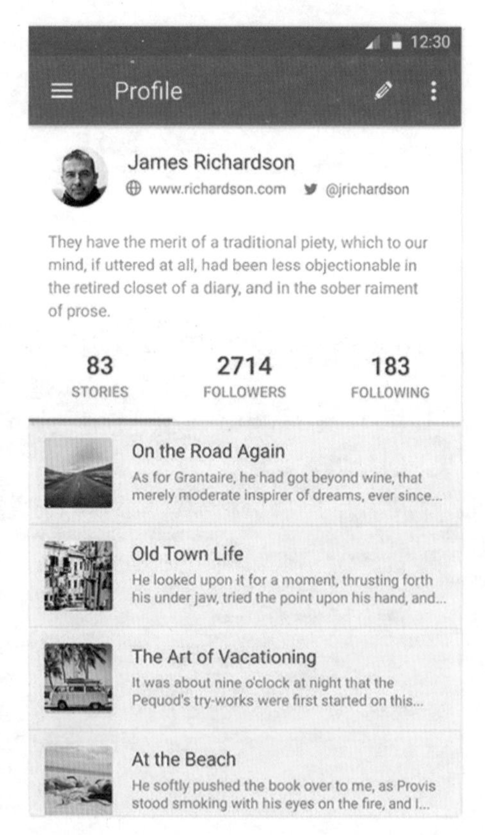


图 6-15

## 6.2.2 图标的处理方式

### 1. 桌面图标

大小：48dp×48dp。常规形状可以遵循几套固定栅格设计。但是需要注意很多细节问题：不要给彩色元素加投影；层叠关系不能超过两层；左上角不能出现折角；投影是完整客观的展现；如果加入折痕，只能放在图片中间，且最多只有一条，其表面也不能有图案；不要加入透视效果，更不能弯曲（图 6-16）。

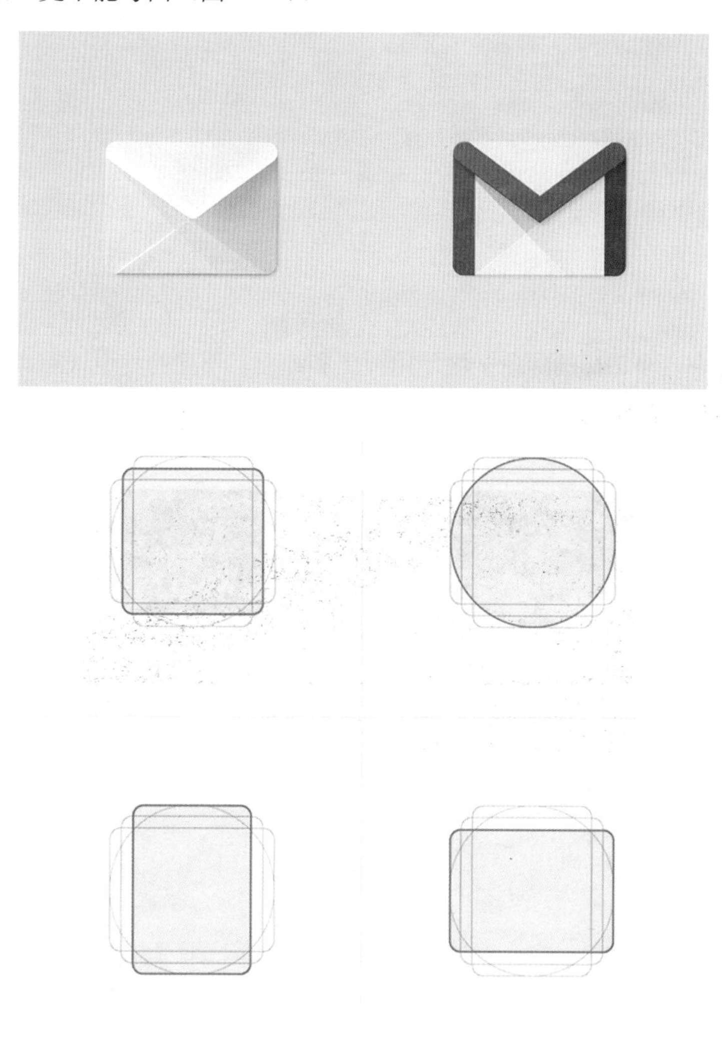

图 6-16

### 2. 小图标

大小：24dp×24dp。图形限制在中央 20dp×20dp 区域内即可。对于小图标，通常优先使用 Material Design 默认图标，用最简洁的图形来表达，不加入任何空间感。同样，在小图标中也有固定的栅格化设计，其线条、空隙尽量保持宽 2dp、圆角半径 2dp。当然，在实际情况之中要具体问题具体对待（图 6-17）。

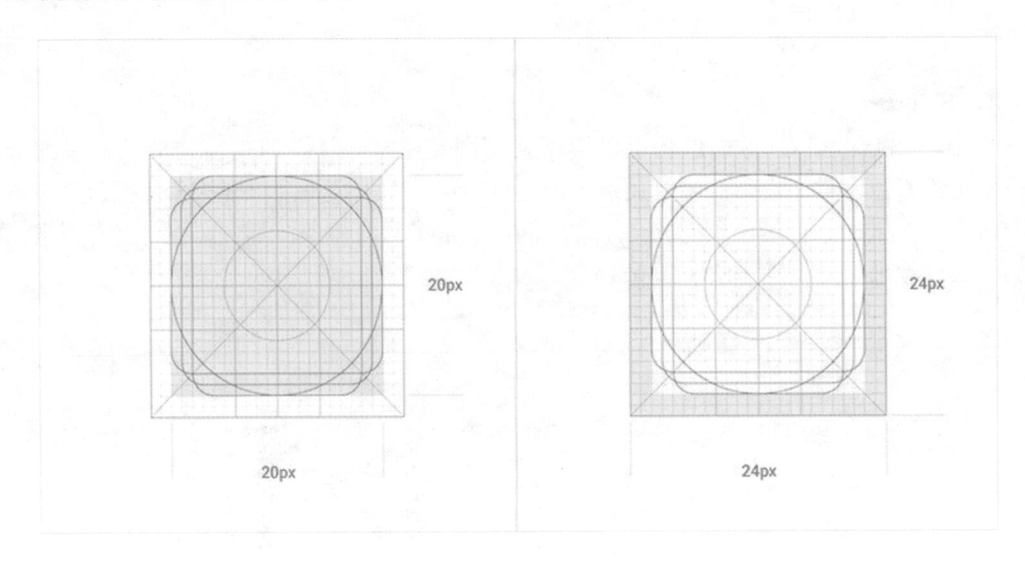

图 6-17

在颜色使用中，小图标的颜色一般使用纯黑和纯白。不同的使用状态调整透明度即可，例如黑色 54%为正常状态，26%为禁用状态；白色 100%为正常状态，30%为禁用状态（图 6-18）。

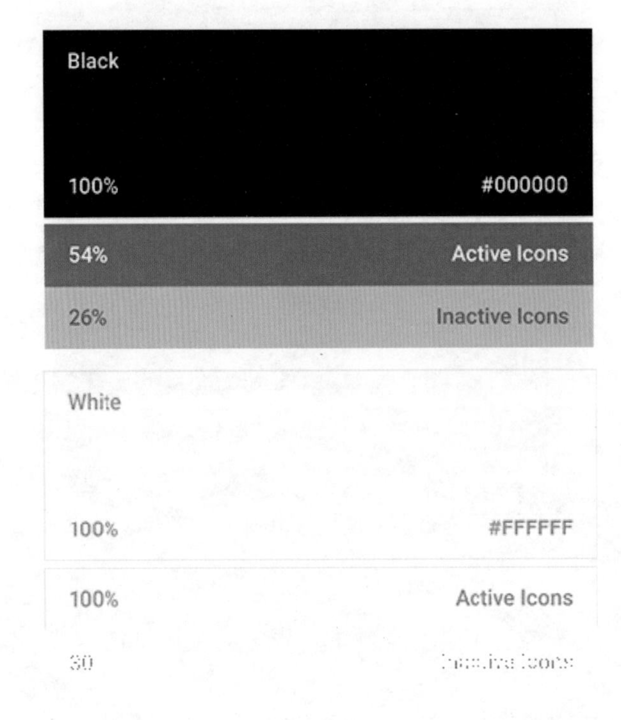

图 6-18

### 6.2.3 图片的选取方式

在描述具体事物时，应优先使用照片或者配以相关的插画。对于图片上的文字，需要加入轻微的遮罩来提升文字的可读性和识别性，一般来说，深色遮罩的透明度在 20%～40%之间即可，浅色遮罩透明度在 40%～60%之间。切记遮罩不能遮住整张图片，只要遮住文字区域即可。或者使用半透明的主色覆盖图片也是处理文字效果的一种方法。需要注意的另一点是，在图片加载过程的之中，要注意透明度、曝光度、饱和度 3 个指标依次变化，以达到细腻的最终效果（图 6-19）。

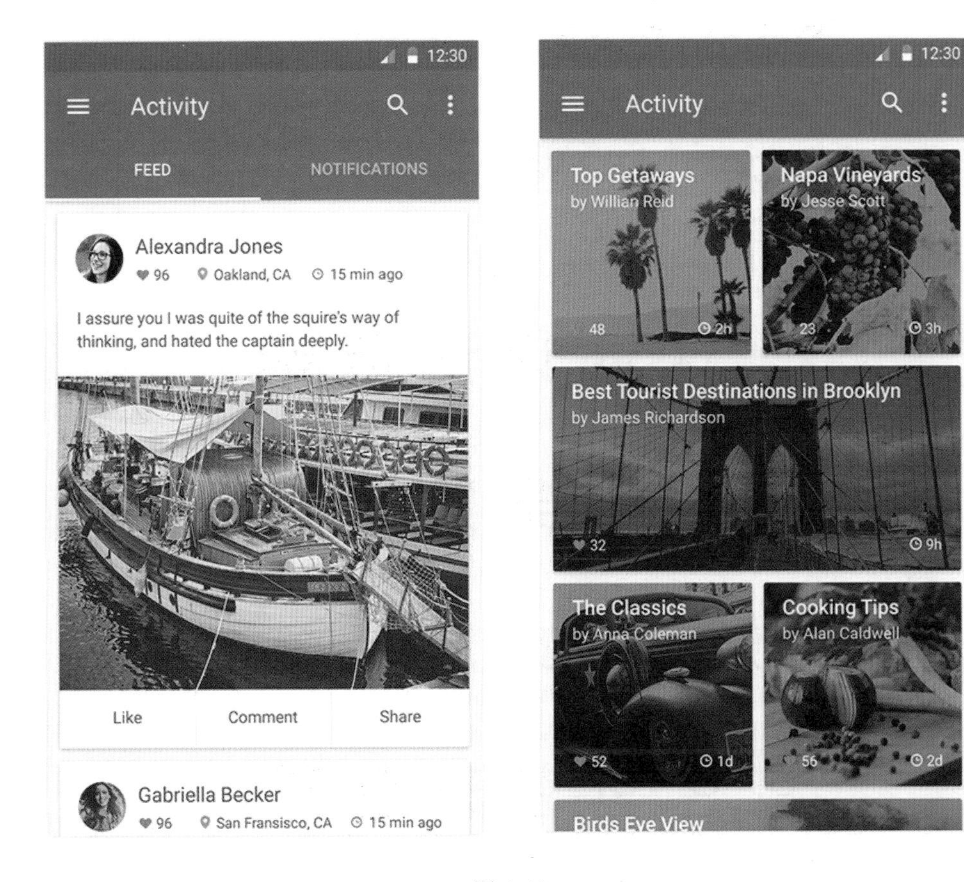


图 6-19

### 6.2.4 系统字体的规范性

英文字体使用 Roboto，中文字体使用思源黑体。具体来说，Roboto 包括：Thin、Light、Regular、Medium、Bold 和 Black 等字体样式，而思源黑体字体包括：Thin、Light、Demlight、Regular、Medium、Bold 和 Black 等字体样式。

常用字号有：小号字体：12dp；正文或按钮文字：14dp；小标题：16dp；超大号文字：

34dp、44dp、56dp、110dp（图 6-20）。

Roboto Thin
Roboto Light
Roboto Regular
**Roboto Medium**
**Roboto Bold**
**Roboto Black**
*Roboto Thin Italic*
*Roboto Light Italic*
*Roboto Italic*

话 话 话 话 话 话 话

吴 吴 吴 吴 吴 吴 吴

あ あ あ あ あ あ あ

한 한 한 한 한 한 한

图 6-20

### 6.2.5 系统布局的规范性

为了保证所有元素可以交互操作，最小点击区域范围尺寸为：48dp×48dp。而栅格系统的最小单位是 8dp，那么为了保持一致性和规范性，全部的间距和尺寸都采取 8dp 的整数倍。为了方便大家学习，这里做了一些规范性的收集（但是具体情况需要具体对待），具体参数如下：

状态栏高度：24dp；导航栏：56dp(最小高度，按实际情况可进行调整)；底部 tab 栏：48dp；悬浮按钮：56dp×56dp 或者 40dp×40dp；用户头像：64dp×64dp 或者 40dp×40dp；小图标点击区域：48dp×48dp；侧边抽屉到屏幕右边的距离：56dp；卡片之间的距离：8dp；分割线留白的距离：8dp；元素之间的留白：16dp；文字左侧对齐基线：72dp。

需要额外注意的是 56dp 这个数值，大多数的控件（对话框、菜单）的宽度可以按 56dp 的整数倍来计算。其次还需注意的是，一般情况下，平板电脑与 PC 端的留白会更多，距离与尺寸要相应增大（图 6-21）。

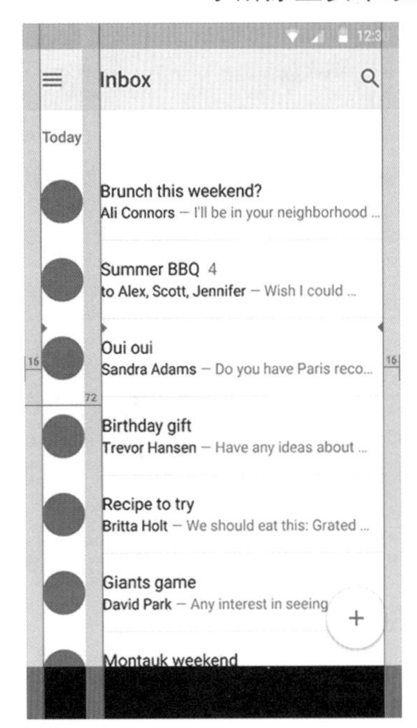


图 6-21

除此之外，还需要了解各种组件的规范性要求。以下整理了一些具体组件的规范内容：

1）底部动作条：一般见到的都是以列表形式、网格形式出现，在交互操作上可以上下滚动操作（图 6-22）。

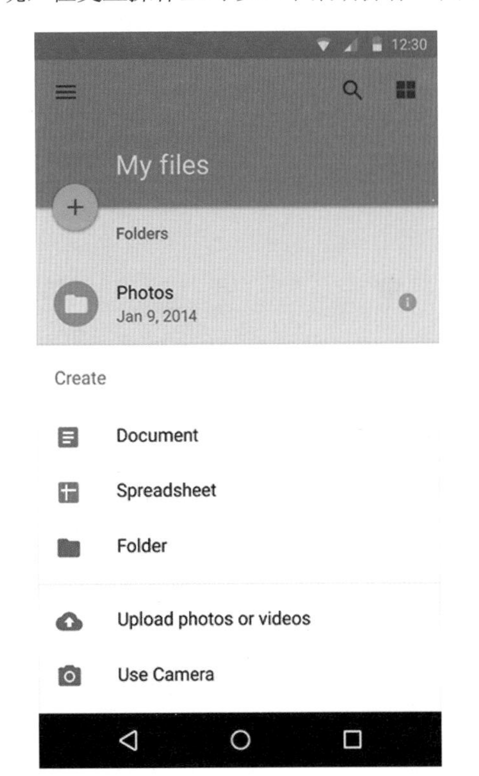


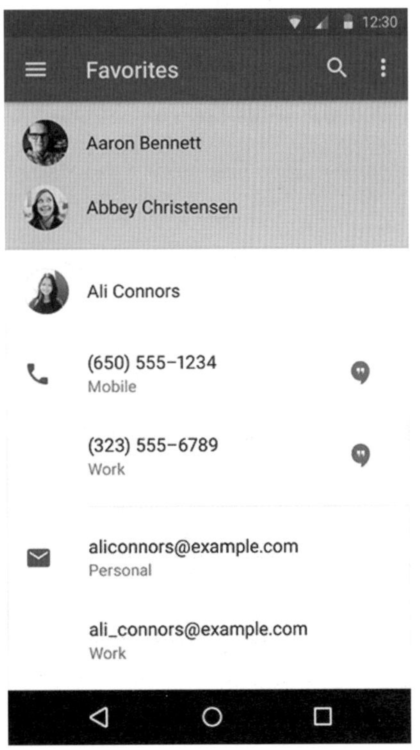


图 6-22

2）按钮：按钮的种类很多，使用的场景也都有所不同。具体可以分为悬浮按钮、凸起按钮和扁平按钮。那么如何使用这些按钮？什么情况下使用这些按钮呢？因为交互场景不同，按钮的样式也会有所不同。举例说明，在使用范围广且是重要操作的场景，一般使用悬浮按钮，以便给予用户更多的提示；在需要展示众多信息时，为了更好地表达信息，一般选用凸起按钮；在常规的界面中，以及用户所付出的学习成本极低的时候就可以使用扁平化按钮，单纯通过颜色完成对用户点击的提示。

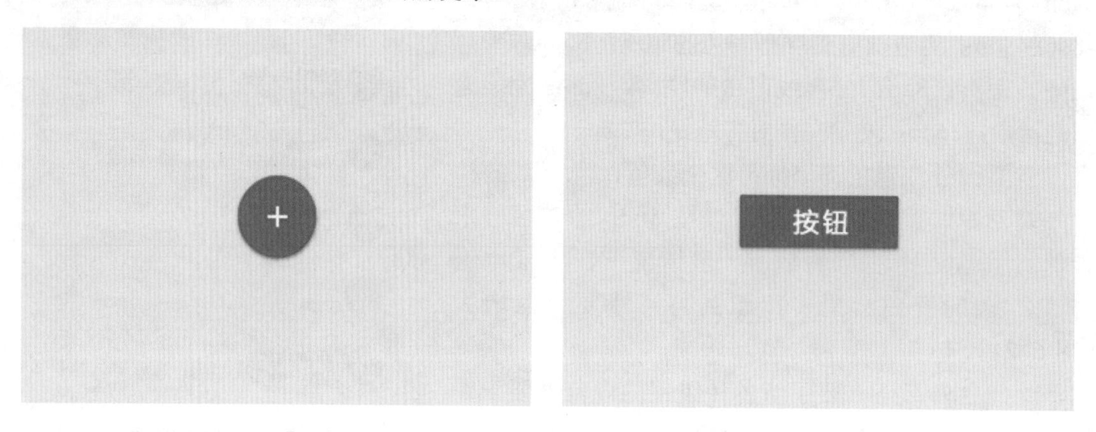


图 6-23

如果在使用悬浮按钮时，只能出现一个悬浮按钮，按钮不能与对话框、菜单的边缘贴边；按钮必须全部呈现在界面之中，不能被其他按钮或元素遮挡，同时按钮也不能遮挡其他按钮或元素；当出现滚动条并滑动到底部时，悬浮按钮要隐藏，不能遮挡住列表之中的内容；最重要的一点是，悬浮按钮的位置不能随意摆放，但可以贴着左右两边的对齐基线，常见尺寸有两种：56dp×56dp 和 40dp×40dp（图 6-24）。

图 6-24

3）卡片：卡片的布局方式和内容多种多样，但是从整体上来说，在卡片中最多只有两块操作区域，分别是辅助操作区和主要操作区。在辅助操作区中，最多包含两个操作项，如果需要更多操作，必须出现下拉菜单，其余部分都是主要操作区。一般来说，这里说的卡片，都统一带有 2dp 的圆角。那么在什么样的情况之下会选择使用卡片呢？例如，需要同时展示多种内容时，而这些内容长度不定，内容之间不需要进行比较，那么在这情况下都需要考虑使用卡片。除此之外，当文本内容超过三行，可以将已有的列表换成卡片，换句话说，需要展示更多文字时，卡片代替了网格的存在（图 6-25）。

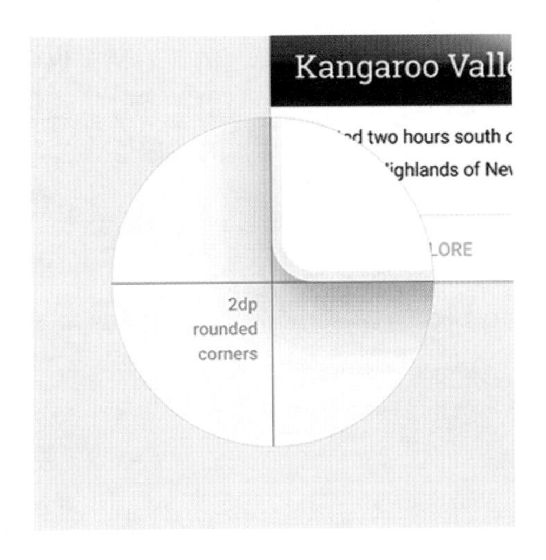


图 6-25

4）芯片：在一个小空间中表达众多信息的一个组件。常见的应用有日期、选择联系人（图 6-26）。

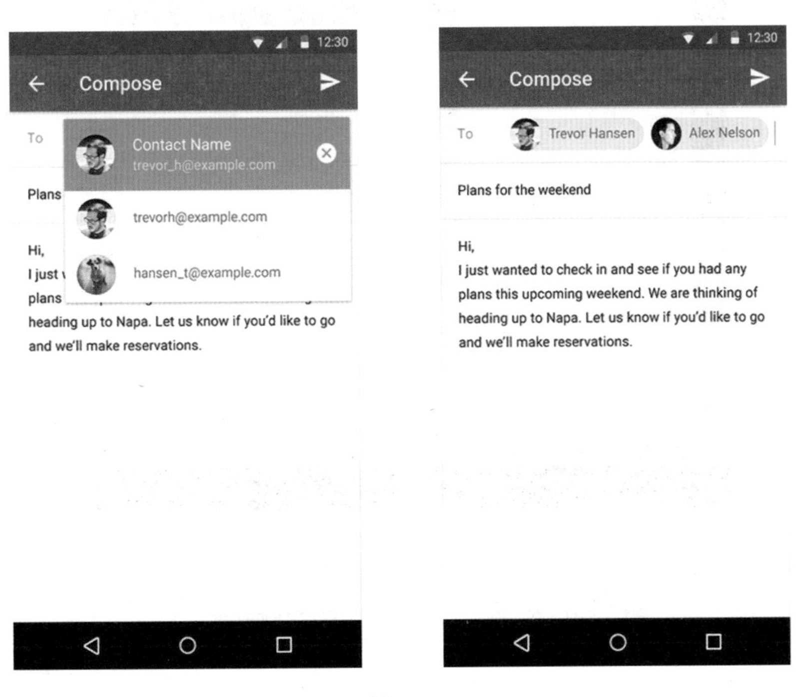


图 6-26

5）对话框：在对话框中，包括标题、内容和操作项。在交互操作方面，有一种对话框是当用户点击对话框外的区域时，对话框是不会关闭的。一般情况下，尽量不要出现滚动条，除非空间不足，那么滚动条选择默认显示。在对话框中，通常将取消类的操作放在左边，右边一般放置会引起变化的操作项。除此之外还要写明该操作的具体效果，文字要明确，使用户能体验到很强的功能识别性。那么另一种对话框很显然是不带有操作项的，这是一种相对简易的对话框。那么当用户进行触摸操作时，对话框会关闭；点击对话框外时，对话框同样会关闭，相对应的操作也会取消。除此之外，对话框也可以做成全屏式，右上角还会有操作按钮，比如保存、发送、添加、分享等重要的操作。这种功能性文案一定要简洁明确，不能使用户有含糊其辞的感觉。最后，对话框的留白值一般为 24dp（图 6-27）。

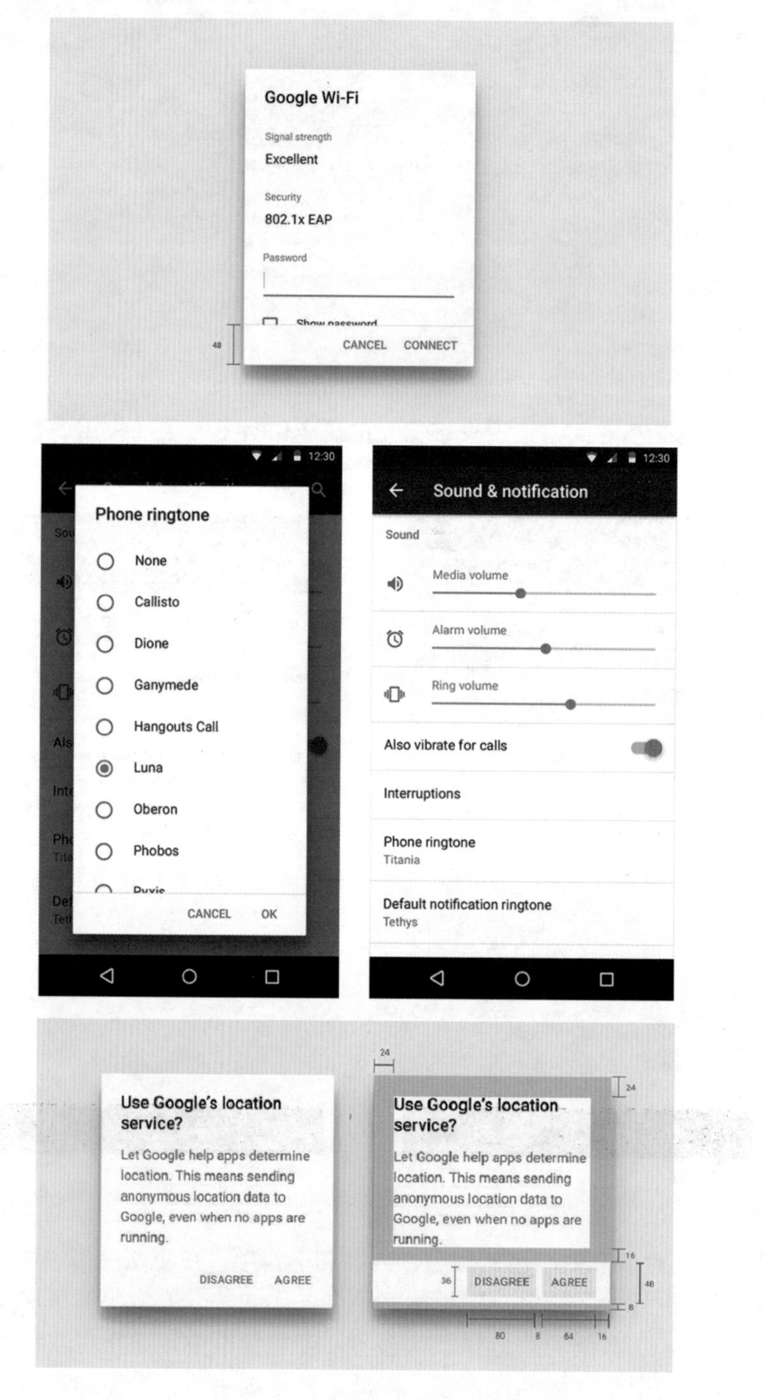


图 6-27

6）分隔线：一般在列表中有头像或图片时，将分割线与文字左对齐；没有头像或图片、图标等元素时，需要用分隔线将其划分。需要注意的是，分隔线不是随便使用的。例如，图片本身就可以表达内容之间的划分情况，就不必采用分隔线。另一种情况就是留白，通常会优先使用留白，分隔线的层级高于留白（图 6-28）。

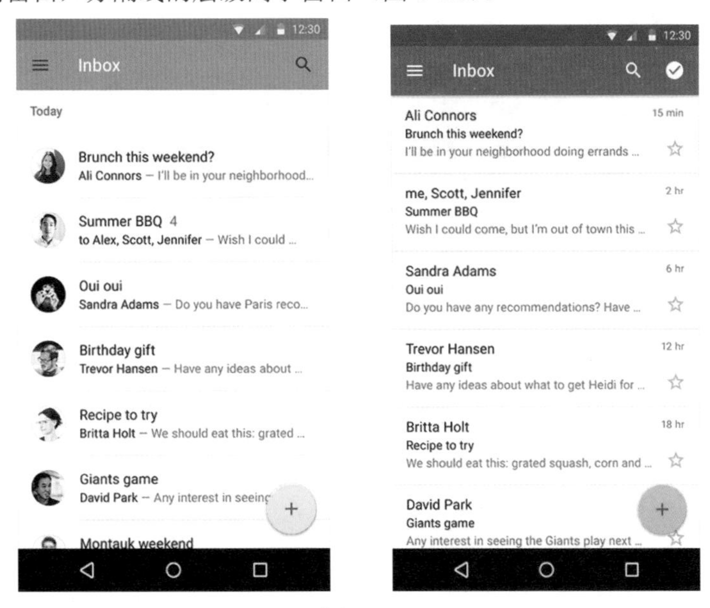


图 6-28

7）网格：网格由单元格组成，每一个单元格中的卡片用来承载信息内容。在卡片中同样也包括主操作区和副操作区，在同一个网格中，二者的内容和位置要保持一致。在一个界面里，副操作区的位置可以分布在上下左右四个角落。对于交互操作手势方面，网格只能垂直滚动，单独的卡片不能滑动、拖放手势。在规范性方面来说，网格中的单元格的间距一般为 2dp 或 8dp（如图 6-29）。

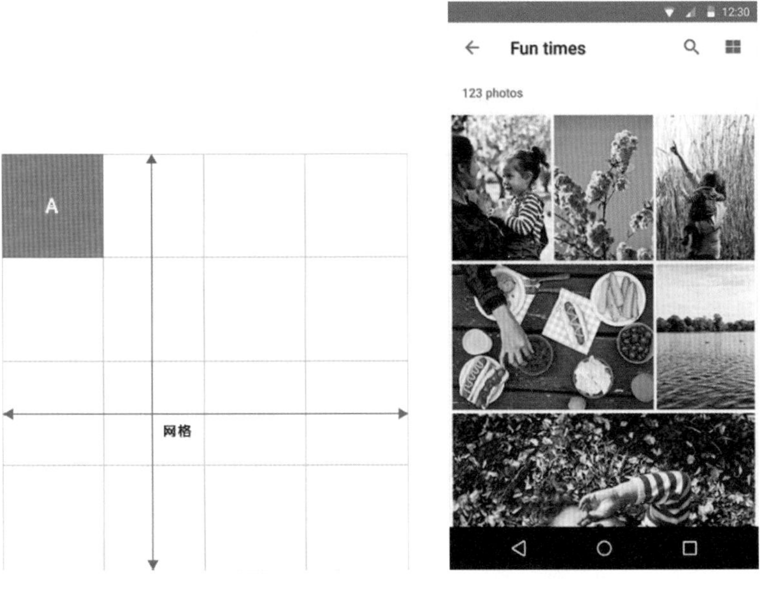


图 6-29

8）列表：列表一般由每行的卡片构成。列表同样包括主操作区和副操作区。副操作区一般在右侧，其余都是主操作区。同样在一个列表之中，二者的内容、位置以及交互操作要保持一致。列表控制项一般包含展开，收起，拖动排序，勾选框等重要操作，也可以包含快捷键提示或二级菜单等提示信息（图 6-30）。

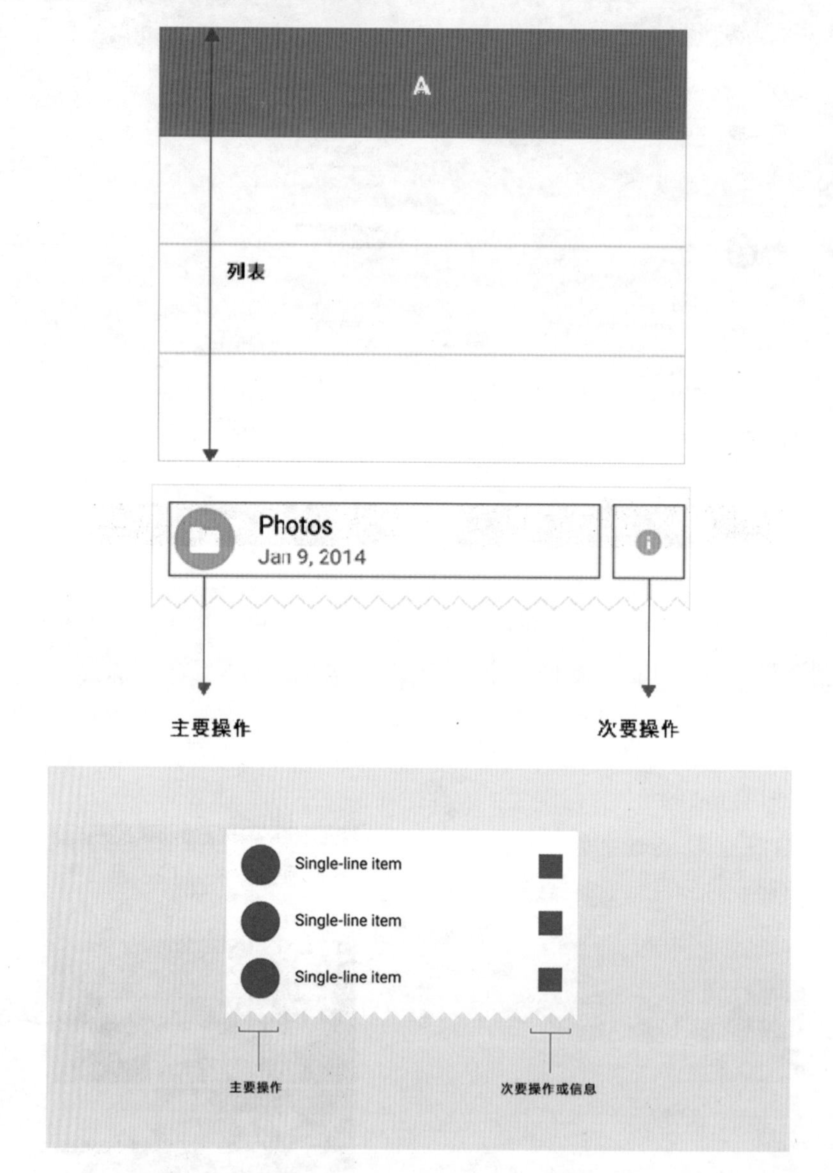


图 6-30

9）菜单：一般来说，菜单不会超过 2 级，通常会把顺序固定的、操作频繁的菜单选项置于顶部；而顺序不确定的可以按动态排序，上下间距值为 8dp。在交互操作方面，为了让用户可以直观了解并进行操作，必须把当前不可用的选项显示出来；当出现下拉菜单时，菜单会原地展开，并且会盖住当前选项，成为当前菜单的第一项，但是位置始终要与水平对齐，如果菜单靠近屏幕时，位置要适当下移调整，必要时候还需添加滚动条（图 6-31）。

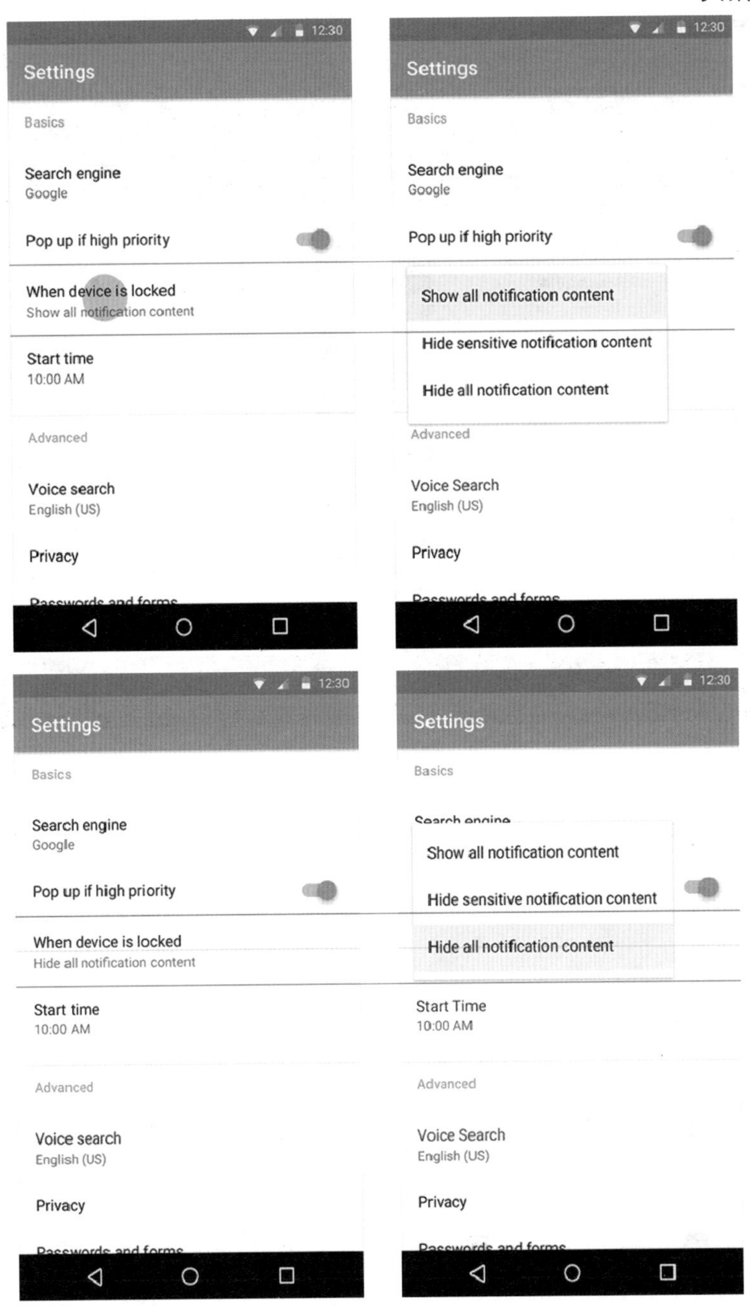


图 6-31

10）检测器：通常以对话框的形式展现，而日期和时间选择器都是固定组件（图 6-32）。

11）活动指示器与进度条：进度条分为两种，一种是线形进度条，它只出现在纸片的边缘部分；另一种是环形进度条，它可放置在悬浮按钮之上，其实在环形进度条里，又划分为未知时间和已知时间两种。在活动指示器中，可以采用进度条的形式来表现加载信息，除此之外，可以添加小的动画效果来展示下拉刷新，但是需要注意的是，列表位置是不动的，这时会出现一张环形进度条的纸片。

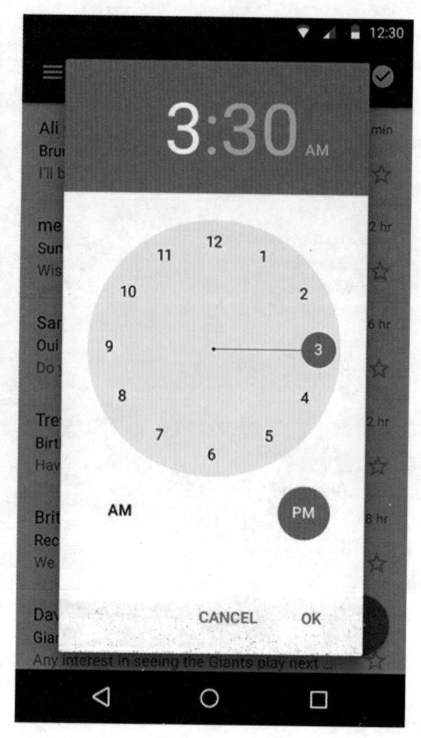


图 6-32

12）滑块：在滑块左右的位置可以适当地增加图标或是文本框。对于非连续的滑块，必须要标明具体数值（图 6-33）。

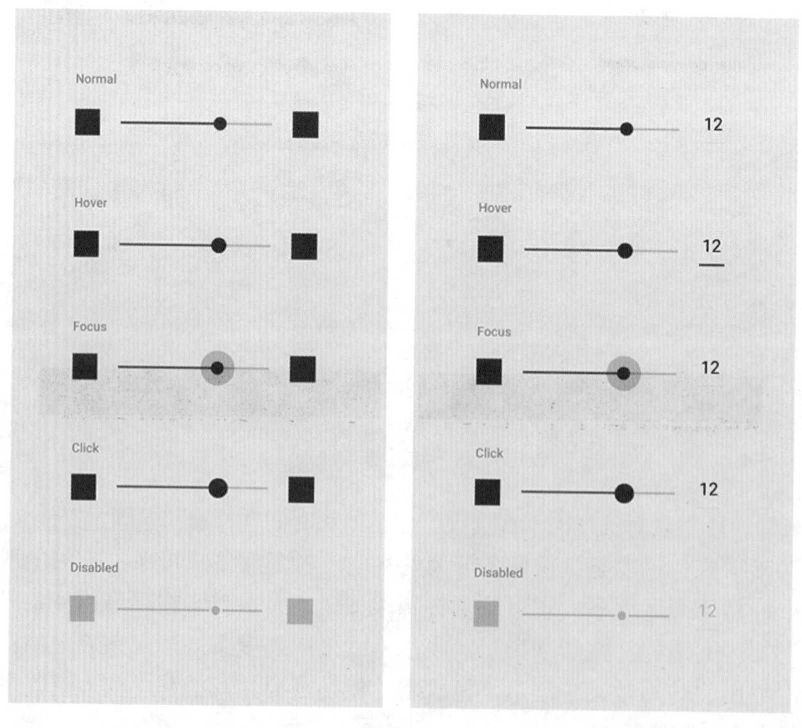


图 6-33

13）宿主视图和无宿主视图。首先来看宿主视图，它最多包含一个操作项，但是不能有图标，一般置于移动端的底部位置，在 PC 端，则应置于悬浮按钮的左下角，但不能遮挡住悬浮按钮，它的留白值通常为 24dp。而无宿主视图相对来说就很简单了，它类似于宿主视图，但可以自定义位置和样式，二者要保持统一规范性（图 6-34）。

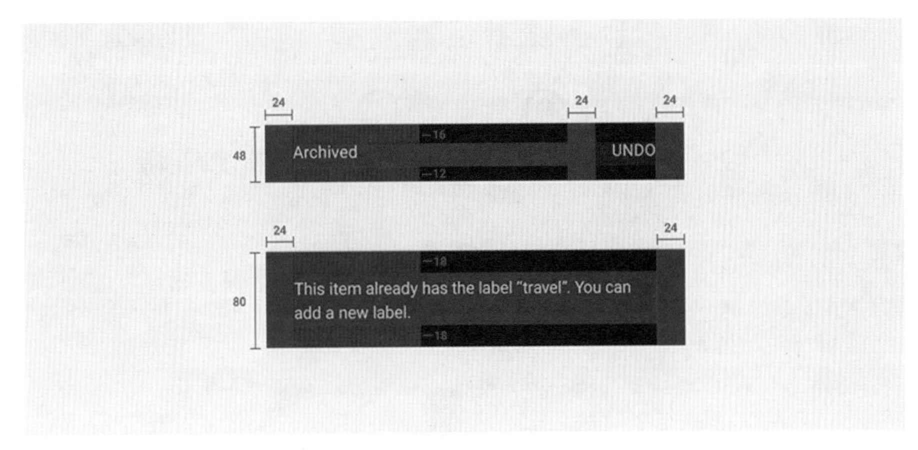


图 6-34

14）小标题：它是一种特殊的瓦片，一般与列表或网格同时存在，用来表达内容的分类与信息的排序。当出现滚动条滚动时，小标题会固定在顶部的位置；当出现浮动按钮时，小标题会自动改变位置与文字对齐（图 6-35）。

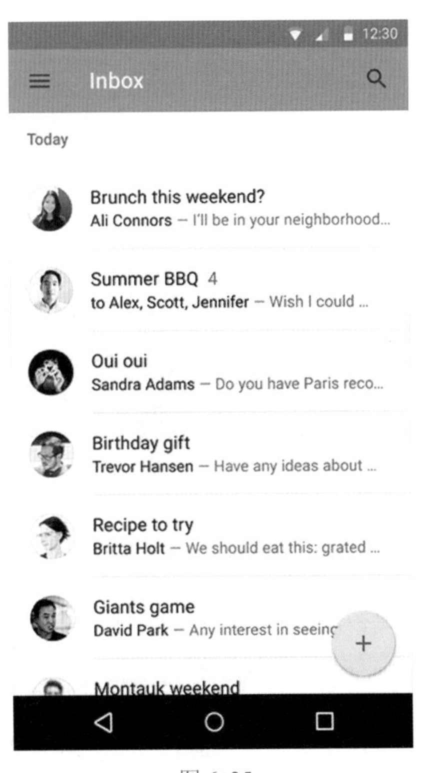


图 6-35

15）开关：一般情况下，单个开关项才会使用它；在同一列表中有多项开关时，建议使用选择器（图 6-36）。

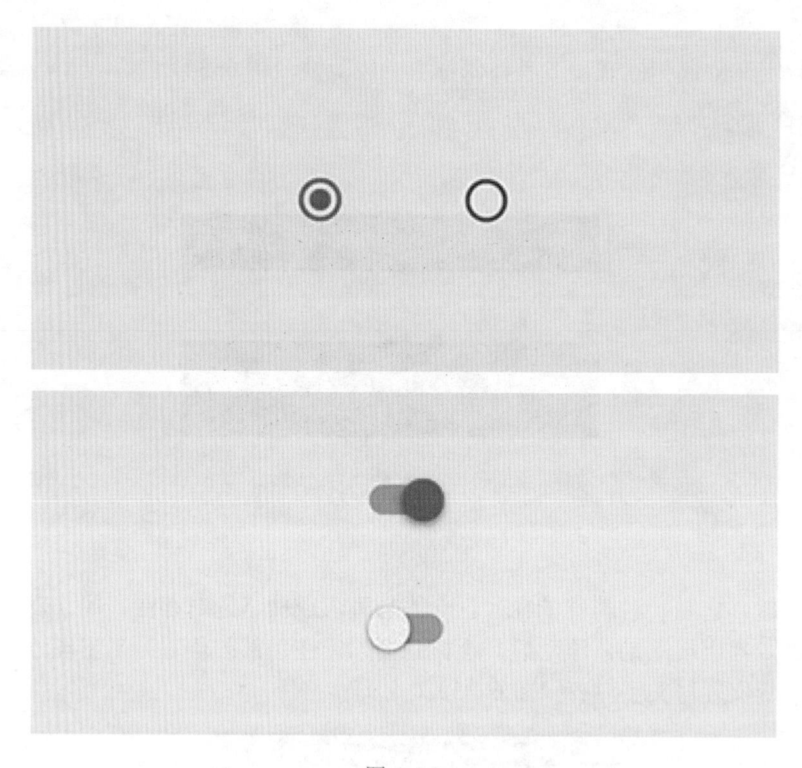

图 6-36

16）tab 栏：它只是用来展示不同类型的内容，不能当成导航菜单来使用。数量一般为 2～6 个，超出的部分则会变成滚动式或左右翻页进行操作查看。对于视觉部分，文字显示要清晰完整，字体规范性要严谨，出现下划线时，其高度一般为 2dp（图 6-37）。

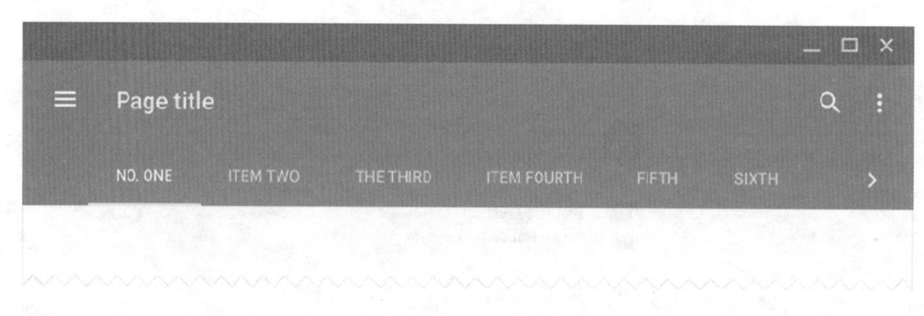


图 6-37

17）输入框：它的表现形式有很多种，简单的一根线条即可表达。除此之外，很有必要将输入框的两种状态设计出来，即选中操作状态和错误状态，那么相应的横线宽度变为 2dp，颜色也要随之变化。如果输入框的高度达到 48dp 之上，而横线不在点击区域的底部，这里还要空出 8dp 的距离。当出现提示性文字时，注意输入框的高度变化以及其可点击范围的大小变化（图 6-38）。

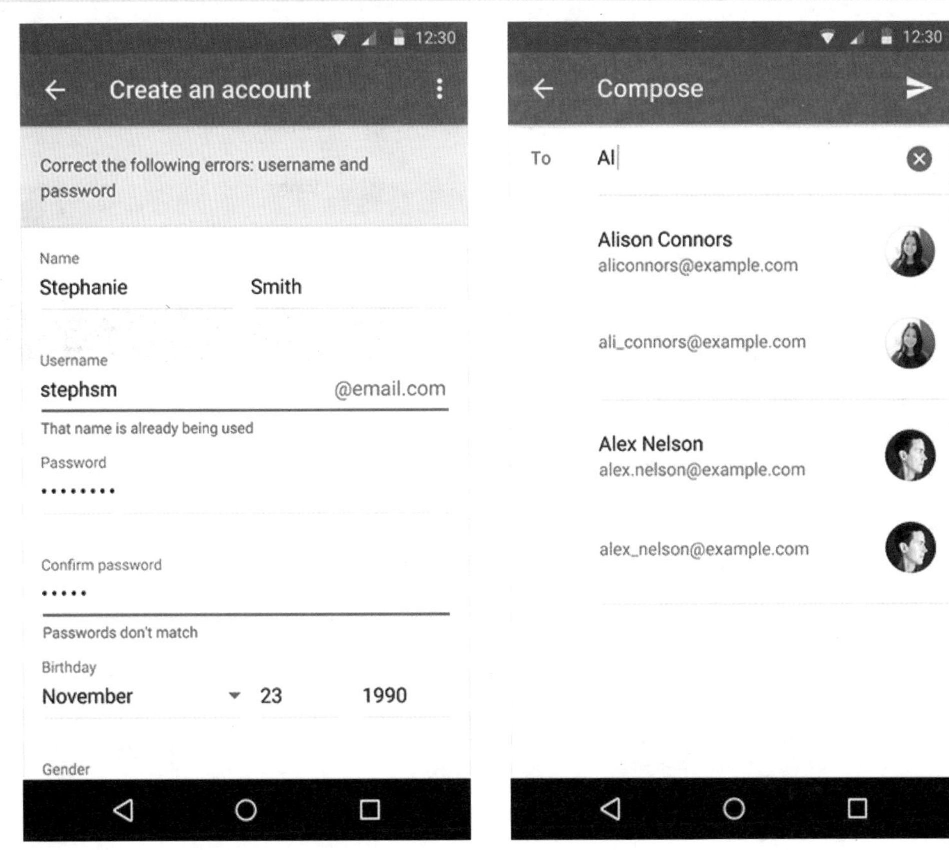


图 6-38

18）提示：当用户进行鼠标悬停、获取焦点、手指长按等交互操作时会出现在小图标上（图 6-39）。

19）侧边抽屉：当从左边划出时，遵循列表的布局方式将占满屏幕，距离右边为 56dp。除此之外，也支持滚动操作，收起抽屉式，则会保留到之前的滚动位置；如果不需要滚动，设置和帮助反馈就防止列表后面即可（图 6-40）。

图 6-39

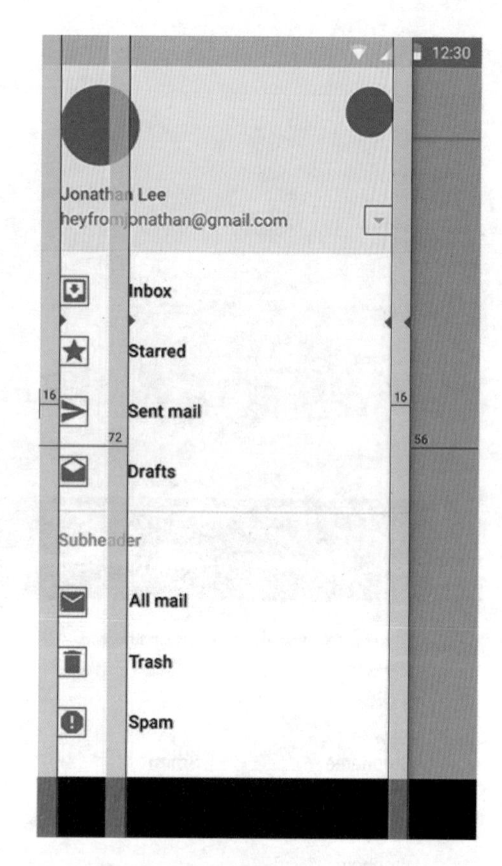


图 6-40

最后总结，在 Material Design 中，提倡使用卡片，并且卡片还规定了圆角，这必须要结合纵深感较强的阴影，这样的目的是要与其他区域区分开来。但是又要慎用卡片，比如想要表达众多信息时，就不建议使用卡片，因为卡片的边框会对注意力造成干扰。总之，Material Design 易读、易用，属于无障碍设计。

# 第 7 章

# 界面设计的后续工作

## 7.1 视觉设计师的职责与职业发展规划

如今，移动互联的形态已经发生了翻天覆地的变化，从业人员对行业的理解越来越深刻，UI 设计行业也从一开始的萌芽，到火热，再到过热。很多互联网企业盲目的进入，导致行业过热的现象在一段时间非常明显，现在，行业的泡沫已经逐步地消退下来。互联网企业对于行业的理解也越来越深刻，对于用人选人的标准也在不断地提升，行业已经不需要那些为追求热钱而盲目进入的伪从业者，真正需要的是能够适应并专注的设计从业者。

### 7.1.1 移动联网行业现状

近几年，随着智能手机地快速普及和移动网络的发展，移动互联网领域创业的黄金时代已经来临。而且国家关于“互联网+”以及“万众创业”的政策指引，极大地刺激了企业加入互联网行业的积极性。

虽然移动互联网的发展使创业变得更加简单，但是移动互联网发展到今天似乎遇到了瓶颈：一方面传统的行业和企业不断接触互联网，但是似乎实际运作的结果尚未达到预期，另一方面，草根创业者大批涌入，一时间开发了更多的 APP，APP Store 应用数量和下载数量快速增长。但是由于从业者水平良莠不齐，并且对于 APP 的用户定位、核心功能、视觉效果以及上线后的运营方式都存在各种偏差，大多数 APP 处于扔了可惜，前途渺茫的“鸡肋”状况。

与此同时，以 BAT（百度、阿里巴巴、腾讯）为代表的传统互联网巨头纷纷进军移动互联网，在衣食住行，金融交易，教育平台等方面均有建树，依靠自己本身积累的大量固定用户以及专业的产品研发与设计方法将市场快速的占领。“微信”的崛起便是一个典型的例子。互联网巨头之间也相互竞争，无形中压缩了创业者的生存空间。

国内与国际的互联网巨头在品牌、资金、技术以及用户群等方面的绝对优势，普通创业者与其竞争无异于以卵击石，所有这一切让本就举步维艰的普通创业者的处境更是雪上加霜。

对 O2O 的过分热炒，以及 P2P 模式催生了大量初创以及不成熟的互联网企业，需求过盛也导致大量不合格的互联网从业者涌入这个行业，而随着潮水退去大量互联网企业缩水甚至倒闭。

所以，所谓的“瓶颈期”，主要是由于宏观经济形势，行业运营模式，互联网传播技术发展以及互联网从业者等几方面原因共同造成的结果。

虽然移动互联网产业貌似出现了一些问题，但未来市场发展的主流方向依旧是移动互联占据主导，行业会越来越趋于理性和专业。

对于 UI 设计师来说，在这样一个时代，应该跟上时代的步伐，扩展自己技能的深度以及广度，让自己能够在视觉设计、交互设计、产品思维以及语言表达等方面全面提升。新的时代需要更多的复合型人才，需要能够在做好本职工作的基础之上，掌握其他辅助技能。例如，和工程师的工作交接，以及手绘插画能力，还包括动效设计和 3D 技术的具备和培养，这些都是视觉设计师需要掌握的技能。

本章将重点介绍关于视觉设计师在新形势下所要做出的改变和提升以及职业规划。还会重点讲到，视觉设计师该如何与工程师进行项目上的对接，以便于初级 UI 设计师能够更好适应行业需求。

## 7.1.2 设计师的职业发展规划

目前我国设计师的从业人数大约为 1700 万，而截至 2015 年底，我国企业数量为 1546.16 万家，也就是说平均每家企业拥有 1.1 个设计师。中国设计师主要分布行业为平面设计、产品设计、建筑室内设计、服装设计、工业设计、互联网产品设计以及视觉设计等几个类别。

随着移动互联、人工智能、物联网以及大数据等新兴行业和技术的高速发展，未来移动 UI 设计、产品设计等细分领域将会出现巨大的人才缺口。科技的发展必将催生一个设计人才需求的高峰。

在上文也提到，虽然现在互联网行业的发展和现状对于设计从业者来讲面临着极大的挑战，每年进入移动互联设计行业的从业者也不在少数，但是专业的、高端的设计人才的需求依然是很大的一个缺口，这对于拥有明确职业规划的设计师来讲，确实是一个很好的机遇。

那么对于设计从业者来说，优秀设计师和初级设计师的区别在于哪些方面呢？核心的区别在于是否具备设计思维。优秀的设计师可以灵活利用各种设计思维去优化和提升用户体验，例如敏捷设计、细节设计、服务设计等方法论的合理使用。

其实设计师的想法和设计思维是一个设计师的灵魂所在，因为它可以很好地鞭策设计师针对产品调动自己所掌握的具体技能来优化产品并提升用户体验。

通过几张来自 Facebook 产品设计总监所绘制的草图可以直观地看出普通设计师与优秀设计师之间的区别。图 7-1、7-2 分别是普通设计师和优秀设计师思考和设计一款产品的不同方式，普通设计师往往都是单一的去思考问题，而优秀设计师会从一点进行辐射，找出多种不同的思路去进一步优化设计方案。

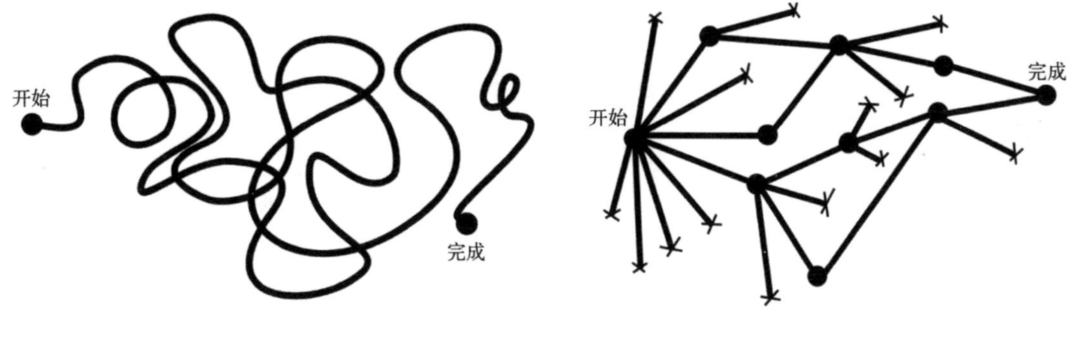


图 7-1　　图 7-2

图 7-3、7-4 代表的是普通设计师和优秀设计在职业和技能规划上的区别，普通设计师更多是不断重复一件简单的事情，并且很少从工作中总结经验以及寻找最优化的解决方案，

而优秀的设计师会不断的提升自己的职业以及技能的高度，并且在设计过程中进行思考与总结，寻找最优化的方案去解决现有的问题，之后再挑战更有难度的工作与项目。

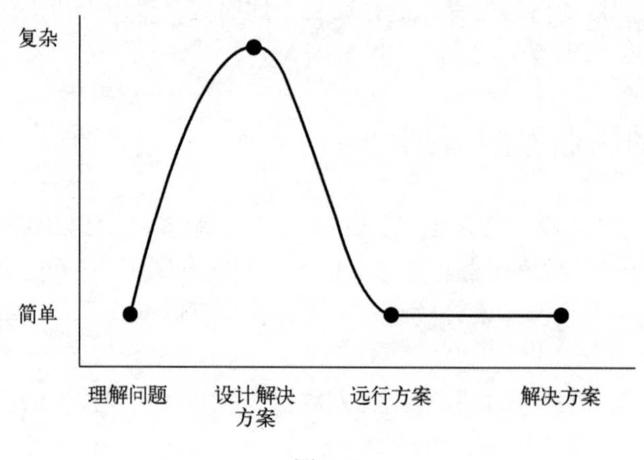


图 7-3

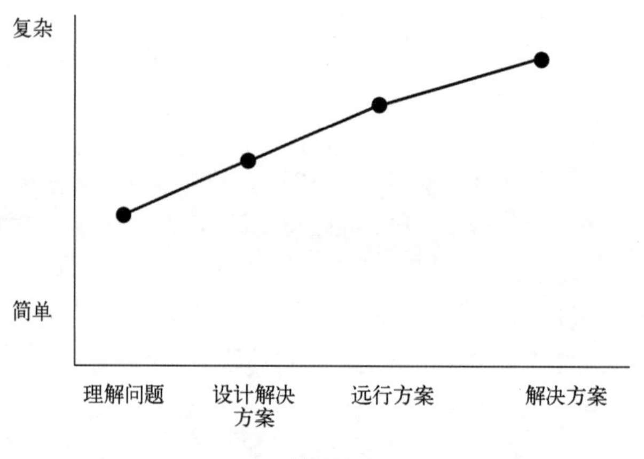


图 7-4

下面，作者与读者分享一下个人从业经历。我是一名视觉设计出身的设计师，以前不论是从事平面设计还是从事互联网产品视觉设计，在设计过程中我发现，很多企业对于产品视觉设计的要求并不高，所以我也就随波逐流，降低自己对产品视觉设计的标准。这样其实会使自己开始无形的退步，是不明智的。最后会发现自己在设计中逐渐迷失了自我，无法保持技能提升以及产品需求之间的平衡。

不管是什么的理由，视觉设计师都不应该去降低自己对于设计图的标准。因为它是针对用户需求所展现的最为直观的设计效果，也是对于视觉设计师最根本的能力体现。所以设计师不管服务于什么行业，服务于什么人群，都应该理所应当地让我们的产品在功能上和视觉上达到一个最理想、最优化的状态，然后和工程师进行深入对接去一起打造一款优秀的产品。

图 7-5、7-6 是截取了一些个人参与项目的一些设计样稿，包括登录页面以及加载页面。

图 7-5

图 7-6

除了设计思维之外，其次是完成工作流程的掌握和体验，明确自己在产品设计和开发过程中所扮演的角色和所起到的作用，以及如何通过视觉设计很好地连接交互产品以及程序开发这两个环节，真正起到承上启下的作用。其实判断一个设计师优秀与否和从业时间并没有必然关系，如果不懂得在工作中总结自己的经验，对于自身的职业素养以及职业技能的提升也不是很敏感的话，从业时间再长也不会成为优秀的设计师。视觉设计师需要在工作中不断深化自己的专业技能。

### 1. 以人为本

产品在视觉设计中并不是以好看为标准，被用户接受和认可的设计才是真正的好设计。在设计之初，这也是很多设计师很难去平衡的关系。设计师一开始就要考虑到用户的需求和接受能力，所以产品设计时总是要把用户分析放在第一位，类似于用户问卷，用户体验地图等都是为了更好的用户调研而出现的工作方式，因为用户才是一切活动及产品的核心。此外，还要充分考虑用户的习惯以及产品的使用环境。

### 2. 创新为王

对品牌的整体设计不是凭空臆造，细节设计的提出便考虑了这一点，即设计产品时通常会保留竞品的框架和整体的交互流程，而在功能细节上做文章。也就是实现功能的目的是一致的，但区别在于实现方式方法的差异。本质上应该扎实地立足于品牌自身的定位，按照其定位的目标市场来设计，在实施设计时既要充分考虑到用户的习惯和痛点，也要对外展示产品的核心竞争力。所以产品功能的创新就显得尤为重要。

### 3. 精致的视觉设计

互联网产品的视觉设计是追求像素级完美的设计方式，所以，规范性绝对是视觉设计的基础。

图 7-7 中所展示的栅格化设计便是设计视觉界面过程中规范视觉设计效果最常用到的方法，网页设计中更多是以 12 栅格法进行网页布局的划分（图 7-7）。

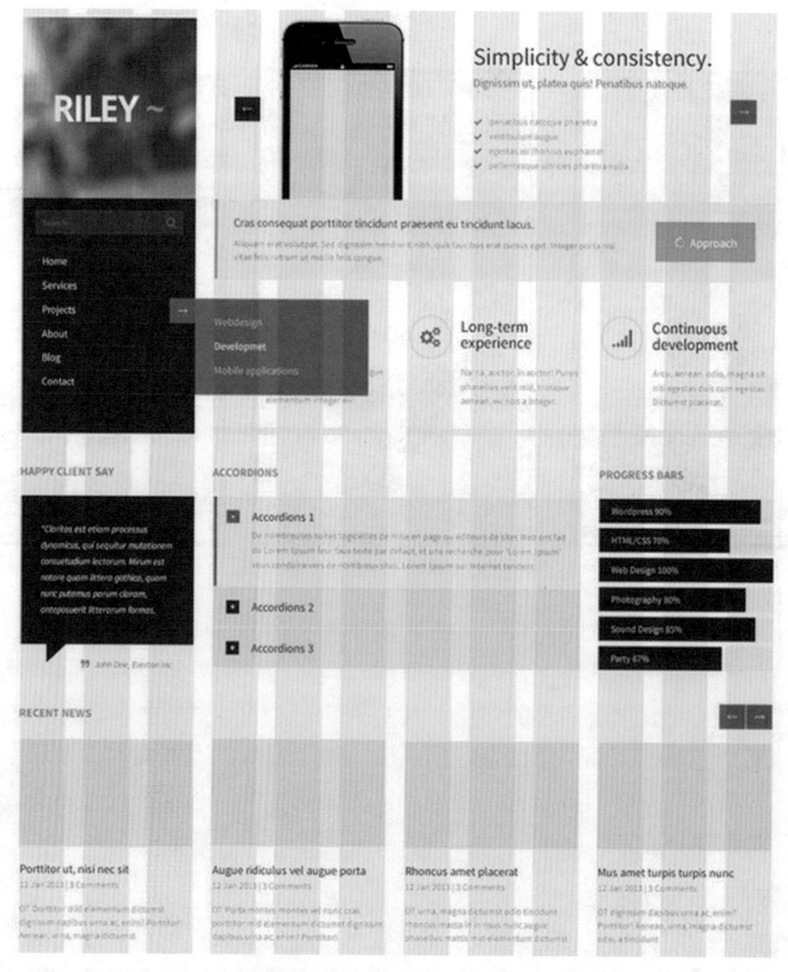


图 7-7

在工程师眼中，世界是由逻辑组成的，而不是像素。简单地说，一个程序是由数据和逻辑组成的，逻辑是有条理的、可数学论证的、严谨的（图 7-8）。

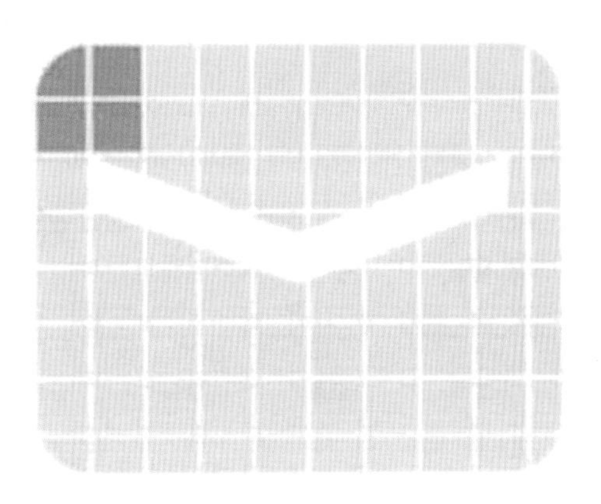

图 7-8

因为目标不同，工程师会在心里抵触设计师看似“天马行空”的想法，而视觉设计师应该站在开发的角度去审视自己的设计，因为设计的视觉效果最终还是要靠程序最终呈现，这就需要在功能，视觉，开发之间寻求平衡。

## 7.2 视觉设计稿的标注

作为一名合格的设计师，必须要清楚项目在设计和开发过程当中的每一个流程以及细节，以便于视觉设计对产品起到承上启下的作用，设计师需要去平衡产品研发、交互流程以及产品开发这几个方面之间的关系，所以和工程师在项目上的对接是设计师需要掌握的工作技能和经验常识。本节将重点介绍设计师在产品视觉设计完成后，该如何与工程师进行项目上的对接，以便初入设计行业的从业者开展工作过程当中也能够顺利适应，了解项目设计的流程。

### 7.2.1 什么是标注

标注是设计师与工程师进行项目对接过程中的重中之重，工程师是否能够完整地还原设计效果以及交互动效，很大一部分取决于标注是否细致，很多情况下我们需要结合工程师开发习惯来进行标注，所以一定要和工程师及时沟通。

设计师不需要对每一张效果图都进行标注，提交的标注页面能确保工程师在开发每个页面时都能顺利进行就可以了。一般要求设计师标注视觉效果的无非就是两种情况，第一种是页面的视觉元素全都要标注，第二种是根据产品的功能分类标注代表性页面就可以了。比如可以在项目设计完成后，根据页面的布局先规划产品视觉效果的控件库，再进行标注会方便很多。控件库其实就是根据视觉元素的功能和分类进行展示，例如，设计师会将产品中所有导航栏的图标，所有 tab 选项栏的图标，所有提示框以及所有按钮的控件分类放在一起进行展示，就如同把视觉设计产品拆分成一个又一个零件分类放置。控件库的总结可以很好地提高标注以及切图的工作效率，也可以有效保证产品在后期功能延展时页面的视觉一致性。

图 7-9 素材来自于互联网，图中所展示到的就是产品视觉控件库中关于系统图标展示的一部分。

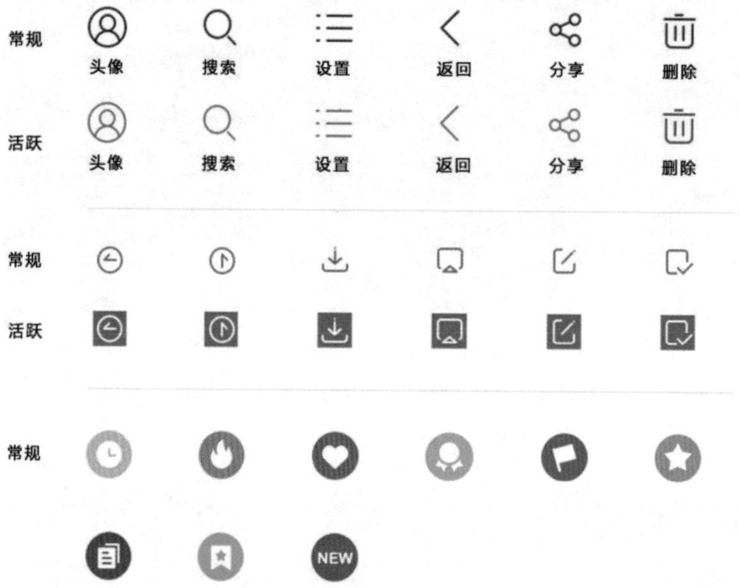

图 7-9

有些公司为了要求设计师能够更好地和工程师进行项目上的对接，会要求设计完产品的视觉效果之后编写产品“规范性说明文档”，以便更好地展示视觉界面中关于控件的尺寸、属性、间距、标准色以及标准字的设计规范。规范性说明文档的作用主要包括项目视觉元素的归类，标注结果的展示以及后期功能延展时更好地保证视觉效果的一致性。那么我们需要去标注页面当中哪些内容呢？

**1. 标准字的颜色，大小以及样式**

图 7-10 所展示的就是视觉界面标准字在标注过程中的颜色、大小以及样式的展示，通常在标注的过程中，需要注意的是有些企业会要求设计师在标注时界面的单位使用逻辑像素来进行标注，后文我们在介绍适配的时候会重点介绍实际像素与逻辑像素之间的转化。

适用于 IPhone尺寸750X1334（字体：苹方 常规 平滑 英文字体：SF）

| | |
|---|---|
| Headline<br>大标题 | 18pt<br>17pt |
| Title<br>标题 | 16pt |

图 7-10

在标注颜色时，也需要按照颜色的六进制展示来完成标注，例如#000000，工程师可以快速识别并调取视觉信息。

系统文字出现加粗时也会使用 Regular 和 Bold，或者 W3、W6 来代表文字正常和加粗两种状态。

### 2．产品视觉效果标准色的使用

产品的标准色包括产品的主体色、辅助色、对比色以及背景颜色等均是需要标注的内容（图 7-11）。

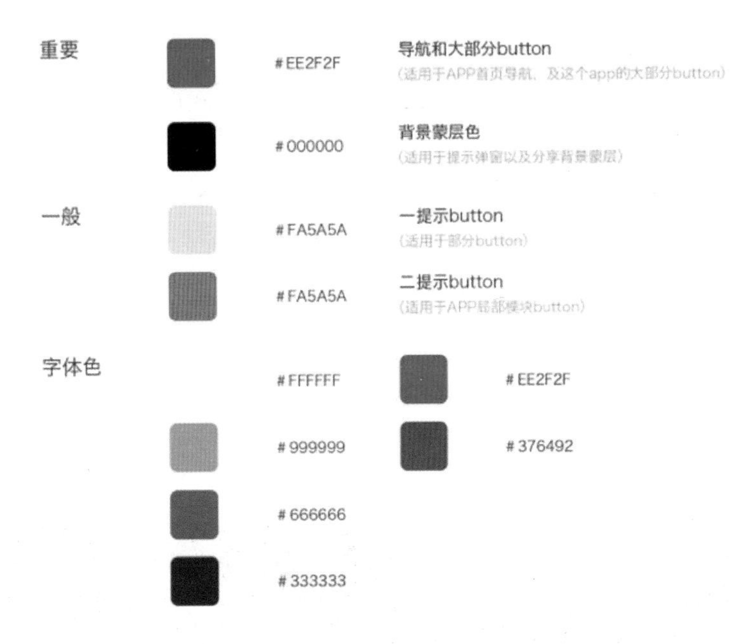


图 7-11

在标注产品标准色时，需要按照产品使用颜色的比重进行顺序排列。在这里展示一下关于产品视觉效果在使用颜色时的比例关系，使用传统 APP 的配色方案：无色彩系 70%，以浅灰以及深灰为主，经常使用在产品背景色用色中；有色彩系 30%，主要根据用户特点、行业特征以及企业形象来确定。有色彩系中主色调占 70%；辅助色占 20%，作用是烘托主色，丰富画面的作用；在此基础之上也可以加入少许对比色，大约占 10%，作用是做点睛使用，提升视觉配色的对比，增加视觉张力，但须注意对比色的使用不可过多，否则画面的视觉效果会变得很乱。

图 7-11 所示，标注标准色时除了标准色的使用比重和分类之外，还需要使用六进制来标注其用色，当前颜色主要使用的位置以及场合，还包括控件以及产品布局。

### 3．控件尺寸范围以及控件间距的标注

在标注过程中通常需要将控件的标注按照功能分类，标注有代表性的控件即可，以便提高工作效率。同时也要标注控件之间的尺寸（包括实际尺寸和切图范围）以及控件之间的间距（图 7-12）。

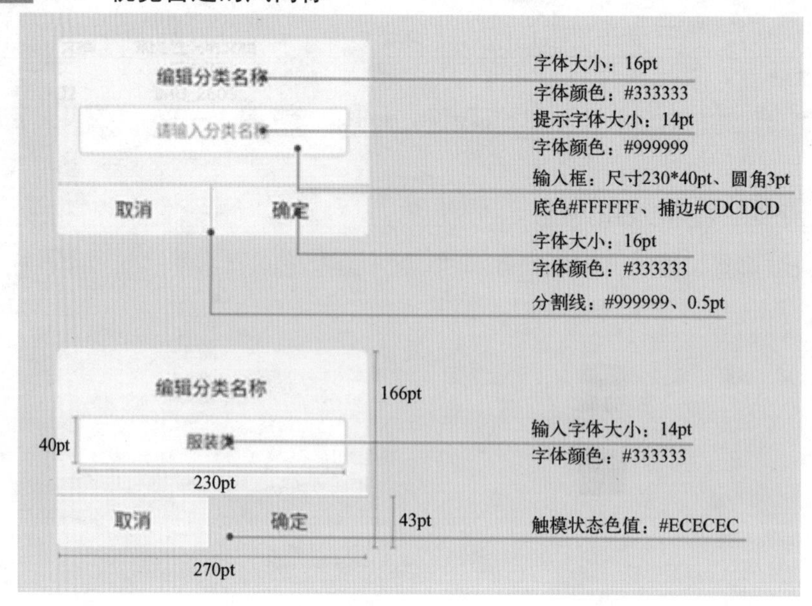


图 7-12

从图 7-12 的视觉规范性文档便可清楚的看到，在标注的过程中需要明确给出控件的大小，间距的数值，并且在设计视觉效果使用像素（px）单位时，需要保证控件的大小为偶数，以便于后期和逻辑像素进行转化，包括长宽、圆角的大小，而且圆角大小对于不同的平台的数值要求是不一样的（图 7-13）。

图 7-13

## 4．公共控件的尺寸与标注

一般产品视觉设计的公共控件包括顶部的导航栏、状态栏、底部的选项，tab 以及二级页面的 tab，各个搜索系统的设计都属于公共控件的范畴，所以其视觉效果也应该在圆角、大小等方面保持一致（图 7-14）。

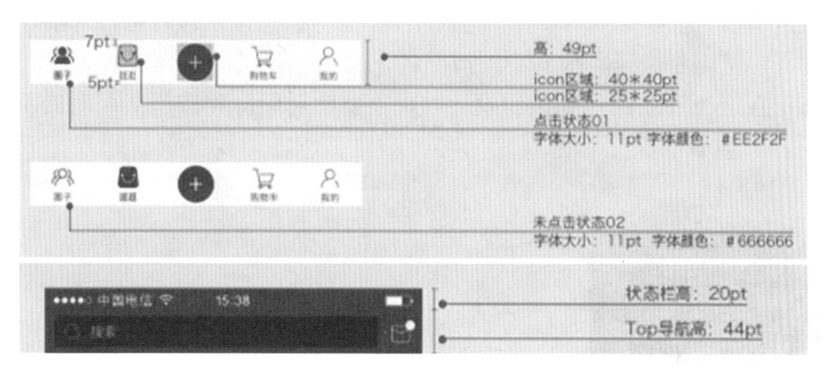


图 7-14

按钮图标的样式，大小和点击状态都是我们需要去研究的。图标的话需要考虑到在不同的系统中的最小点击范围，例如 iOS 最小的手指触碰区域为 44×44pt，而在安卓中的最小的手指触碰区域是 48×48dp，也就是在以 750×1334px 的设计环境进行设计时，需要将最小的手指点击区域定为 88×88px，灰色区域代表其最小点击范围，是作为 png24 位模式图的透明区域进行展示（图 7-15、7-16、7-17）。

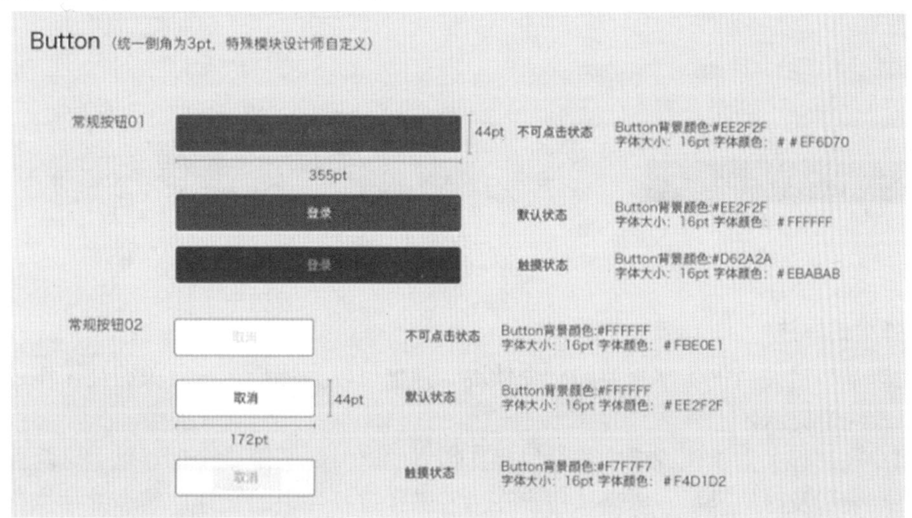


图 7-15

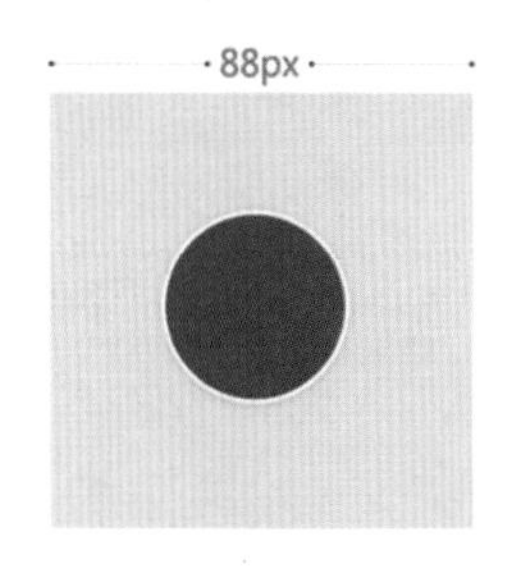


图 7-16

图 7-17

图标在移动端中的状态较 PC 端还是有很大区别的。按钮在 PC 端可以分为点击前，点击时以及不可点击，还有鼠标悬停状态。在移动端中，则不存在悬停状态，只有点击前，点击后以及不可点击这三种状态存在。所以需要把这 3 种状态分别进行标注和展示，以方便工程师在开发过程中使用和快速了解其不同情况之下的交互方式。

视觉设计师在进行界面图标和按钮设计时，需要针对图标和按钮所面对的不同情况完成相对应的视觉样式设计和文字信息传递内容，这些工作也是视觉设计师要完成的项目内容（如图 7-18、7-19）。

图 7-18

图 7-19

### 5. 弹框的标注

作为产品容错性当中非常重要的一个体现，弹框可以为用户在进行关键性操作过程中提供操作以及纠错提示。

当用户在进行关键操作或者即将触发操作错误的时候，系统就会针对以上这两种情况为用户提供准确和及时的提示。以确认用户在当前操作过程当中的选择，是否继续执行。就像是在使用 PC 端进行“彻底删除文件”操作的时候，在文件删除之前，会给予用户一个确认是否删除的提示，以便减少用户的误操作。一般弹框的出现，主要包括以下两种情况，一种是系统弹框的出现（图 7-20）。

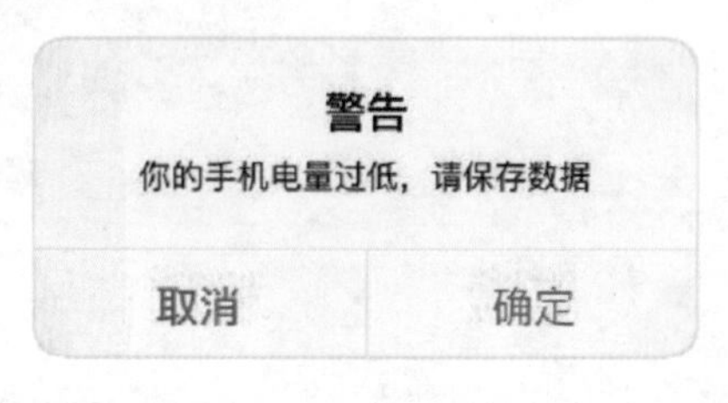


图 7-20

另一种是关于功能的描述的一些弹框，类似于升级或者是获得积分等等。我们在标注过程当中，对于弹框的标注也是一个重点。

一般对于 iOS 系统，其默认弹框的圆角大小基本上是 30px，那么在针对于第三方应用进行弹框设计的时候其圆角大小可以根据设计需求来设定，但是圆角大小必须满足偶数像素数（图 7-21、7-22）。

图 7-21

图 7-22

图 7-23 展示的是弹框在标注中需要注意的地方，前面的这些内容主要是介绍了关于视觉界面需要标注的具体内容和分类，这里再给大家去介绍一些标注时需要注意的一些细节（图 7-23）。

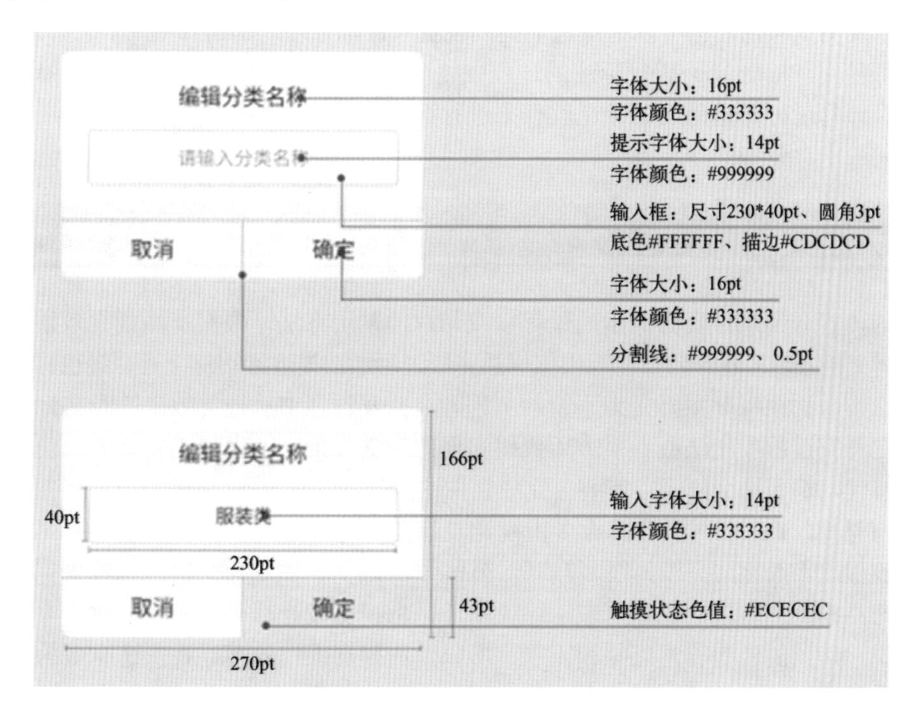


图 7-23

6. Tab Bar

标注 Tab Bar 其实比较特殊，设计师可以单独标注图标大小和文字大小，同时还可以将图标文字算作一个控件将其整体切出来作为素材使用（图 7-24）。

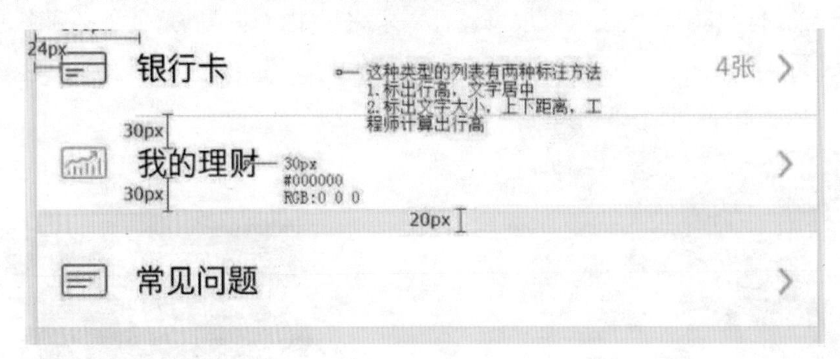


图 7-24

其次，在标注的时候可以将标注效果图分为横向间距、纵向间距以及控件尺寸三类来进行标注，这样的标注结果会更加清晰，更利于工程师进行快速的查看，也就是一套界面用三个组成来展示。

### 7.2.2 产品的标注方法

那么在标注的过程中，通常会使用到以下的两种方法。第一种是使用 PS 进行标注，第二种方法是使用一些标注的插件来进行标注。比如 Parker 就是标注时经常会使用到的一款高效的标注以及测量软件，也可以更快速地提高视觉设计师标注时的工作效率。

设计师使用 Photoshop 进行标注的过程中往往会比较耽误时间，也会显得很麻烦，所以建议各位设计师最好还是借助于标注软件来进行标注，这样可以更快出图以节省产品设计过程中的时间成本。

## 7.3 切图文件的处理技巧

本节的内容介绍切片资源输出的过程以及切片的常用方法。根据产品视觉效果标注完成规范性说明文档之后，就需要设计师根据标注完成之后的结果进行切片，有时候也称作切图。

为什么需要切图呢？主要是为了帮助工程师在开发过程中从视觉效果的源文件中处理和整合一些在开发过程中无法或者很难用代码实现的视觉效果。工程师通常会考虑使用图片素材来加以替代，基于这个原因，需要去完成切图这工作。

互联网早期，PC 端网页切图大多由视觉设计师来完成，后来随着互联网公司产品的设计与开发流程逐步细化与完善，很多互联网公司 PC 端的切图工作交给工程师来完成，再后来移动端产品设计的崛起，切图这道工序大多还是由视觉设计师来完成的。对于大多数视觉设计师来说，切图的过程非常乏味和无聊，所以，为提高工作效率寻找快速有效的切图方式还是非常重要的。

下面将把实际工作中常用到的一些切图注意事项逐一指出，也会重点介绍在切图的过程中某些规范以及需要注意的地方。

其实切图和标注如出一辙，两者之间的关系是极为紧密的。严格得说关于切图没什么特别固定的工作流程，工程师的开发习惯的不同，所要求的切图的输出效果和方法也不同，所以当设计师进行切图之前最好先和对接的工程师进行交流，避免由于沟通不当造成的工作量增加以及工作效率降低等情况。因为做这项工作是为了给开发打下基础，所以有效的沟通显得非常重要。

在前面的内容中提到过，关于移动端应用的设计以及开发，现在主要是根据 iOS、安卓以及 Windows Phone 三大系统的要求来进行。目前更多以 iOS，安卓这两款系统占主导。需要设计师和工程师按照每个不同系统所规范的要求来进行设计以及开发。所以对于切图来说，也有不同的细分要求。

## 7.3.1 iOS 系统的切图方式

### 1. 偶数的要求

在 iOS 系统下的环境进行设计产品元素的尺寸和切图，所有的控件以及图片元素的宽度和高度都应该是偶数，这样设计一方面方便产品显示的效果，另一方面也方便产品的视觉设计稿从实际像素向逻辑像素进行转化。由于 iOS 系统的抗锯齿机制的限制，如果切图输出以及产品视觉元素的尺寸不是偶数的话，会导致开发之后的切图输出在预览和使用时会变得模糊。

建议读者在切图的时候，如果是按照控件的实际大小进行切图时，最好在其四周留下 2 像素的透明边缘区域，以防止工程师在开发及变成动效时切图元素的边缘产生锯齿（图 7-25）。

如果图标、按钮以及其他视觉元素本身具备点击效果，并且其实际范围小于 iOS 系统当中规范的最小点击热区的话，那就需要按照其最小的点距热区的大小来切图，也就是 44×44pt。

如果设计师是按照 750×1334px 这样的设计环境来进行视觉高保真出图的话，对于这种情况最小的切图范围也要大于等于 88×88px。主要是为了保证产品开发完成后手指点击图标时的点击热区足够大，避免出现点击无反馈这种现象（图 7-26）。

图 7-25

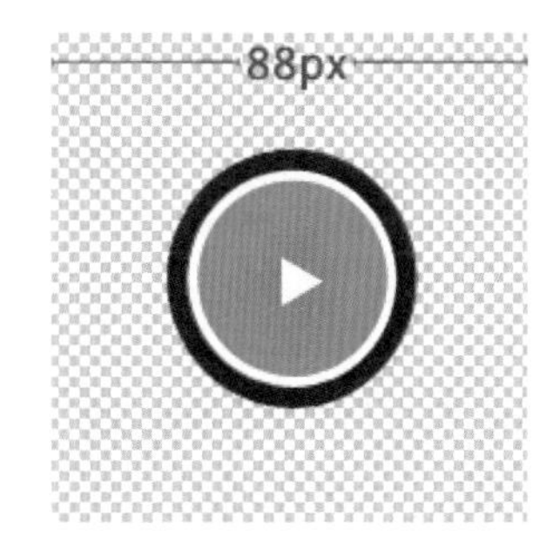


图 7-26

### 2. 需要为工程师提交几套切图

根据现有苹果手机的屏幕等级和尺寸来说，可以分为以下两种，一种是以 iPhone 4、iPhone 5、iPhone 6、iPhone 7 为主的 2 倍屏幕等级，其尺寸以 640×960px 至 750×1334px 的设计环境为主。另外一类是 iPhone 手机中各种 plus 版本的三倍屏幕等级，也就是物理分辨率尺寸在 1080×1920px，屏幕实际尺寸在 5.5 英寸的手机。

所以，如果设计师现在主要是针对于 750×1334px 为主的设计环境来进行视觉高保真图设计的话，在切完图片之后本身所使用的就应该是 2 倍图。所以在切图输出时设计师需要在切图名称后加入“@2x”这样的命名后缀，例如home_icon_search@2x.png。

在此基础之上，根据屏幕倍率的要求，只需要在此 2 倍图的基础之上扩大 1.5 倍就可以得到适配在各种 iPhone plus 版本当中的切图，并且在切图名称后加入“@3x”，例如 home_icon_search@3x.png。

现在随着 iOS 系统的升级，早期的 iPhone 3GS 早已退出手机市场，现在设计师不需要再考虑之前的单倍切图。所以视觉设计师在给工程师提交切图输出物的时候需要提交两套切图，也就是一套 2 倍图，一套是在放大 1.5 倍之后所得到的 3 倍图（图 7-27）。

同时，根据按钮和控件不同的使用和交互情况，例如点击前、点击时及不可点击（禁用）状态也要分别对其进行切图和输出（图 7-28）。

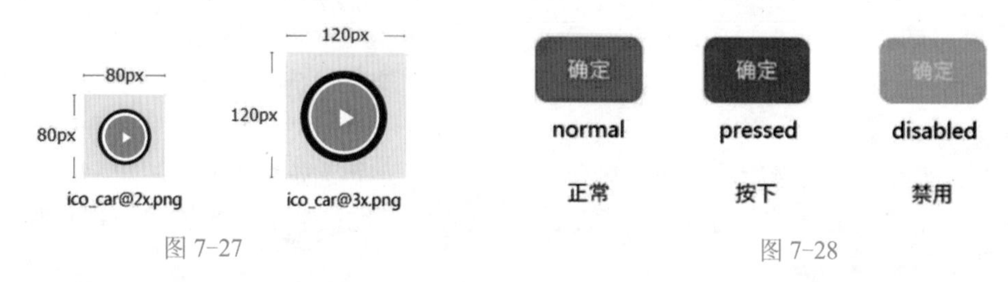


图 7-27　　图 7-28

3．切图元素的平铺

如果设计师在设计背景图或者产品控件时使用到重复元素的图案或者是纯色的话，那么设计师只需要提供给工程师一小块切图即可。所以要求背景图如果加入背景纹理的话最好是具有规律性的一些纹理，例如点阵、网格、横线等（图 7-29）。

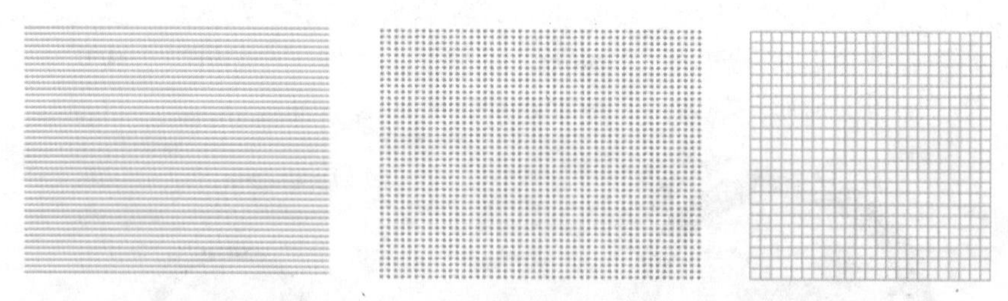

图 7-29

最好不要使用斜线或者不规则纹理以及颜色渐变，这种视觉元素会增加工程师在开发过程中的工作成本。

切图元素平铺这样的做法可以很好的减少产品安装包占用的空间以及加快产品打开和运行速度。工程师在开发的时候只需要通过代码拉伸和无限平铺这个部分即可。

## 7.3.2　安卓系统的切图方式

在安卓系统中，其切图方法和 iOS 所要求的大致是一样的。在这里给大家介绍一种安卓特有的图片处理方式，主要是针对于带有圆角这样一种特殊图形进行图片处理的点9文件。

### 1. 点9文件

在安卓系统中，切图输出以及元素设计时不用遵循偶数的原则，不过在对待带有圆角的特殊图形以及元素平铺时一般会应用一个特殊切图输出文件，就是“点 9”文件。由于在该文件处理过程中将其划分9份并且使用纯黑色1像素为单位的黑点进行标注，而且其文件的扩展名为“9.png”，所以被称为“点9”文件（图7-30）。

在安卓系统中，切图输出以及元素设计时不用遵循偶数的原则，不过在对待带有圆角的特殊图形以及元素平铺时一般会应用一个特殊切图输出文件，就是“点 9”文件。由于在该文件处理过程中将其划分9份并且使用纯黑色一像素为单位的黑点进行标注，再者其文件的扩展名为“9.png”，例如：anniu.9.png，所以被称为“点9”文件。

“点 9”文件能够适配安卓平台多种分辨率以及屏幕等级的手机。其最大特点是将该图片的拉伸，需要保护的区域以及显示区域统统用黑点展现在一个文件中。适配时可以将文件的横向和纵向按照黑点的标注随意进行拉伸，从而保留像素的精细度、细节以及圆角的大小和质量，实现多分辨率下的完美显示效果，同时减少不必要的图片资源。

图7-31中，上面和左边的黑点，代表的是该文件在横向和纵向进行延展时所需要延展素材的位置和截取平铺范围的大小。那么，右侧和下方的黑点的交集，代表的是该文件在显示内部信息时的区域和范围，主旨还是要保护圆角在延展和适配时不被破坏和侵犯。

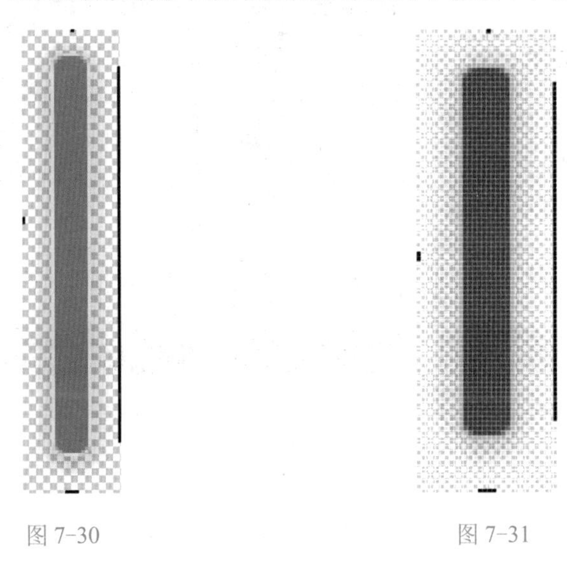

图7-30　　　　图7-31

处理点9文件的方法有很多，有个专门用来处理点9文件的工具叫做“draw9patch”，但是有些设计师也会直接在Photoshop里面用铅笔标注1像素黑线或点进行展现，并且在输出PNG文件后，在命名的里面加入“.9”即可进行使用。除了以上两种方法之外，设计师也可以使用各种切图软件或者插件来进行处理，例如“Cutterman”这样的切图插件基本上都会支持点9文件的处理。

### 2. 关于切片的输出格式

最后来介绍对切图的输出格式有哪些要求，在输出的时候主要是以PNG 24、PNG 8、

JPG 这几种格式为主。如果 JPG 和 PNG 两种格式图片大小相差不是很大的情况下，推荐使用 PNG 格式的文件，因为 PNG 格式支持背景透明的效果；如果图片质量或者大小相差很大的话使用 JPG 格式，可以保证开发后的视觉效果不失真。

对于引导页、图标、按钮以及各种功能控件建议使用 PNG 格式，在 PNG 格式中最好是用 png24 位模式，因为其所包含和展示的颜色会更加丰富，文件质量会更好。

## 7.4 适配及命名

在这一节当中要重点介绍在设计和开发移动端界面和产品的过程中进行图形和控件元素的适配的工作流程以及方法。

设计师为什么要适配？主要是因为现有的手机市场当中，手机屏幕的规格和尺寸存在碎片化的现象。首先以苹果手机为例，苹果手机，存在很多版本，从最新的 iPhone 7 以及 iPhone 7plus，再到之前的 iPhone 6 系列、iPhone 5 系列，在这些机型中，它们的屏幕等级的倍率主要是以 2 倍屏幕等级和 3 倍屏幕等级两。而对于安卓来说的话，它的手机品牌和手机机型的碎片化更加严重，主要也是由于安卓系统代码开源的原因造成（图 7-32）。

图 7-32

当设计师在设计页面视觉效果时，通常只是按照一种尺寸来进行设计，使用的单位为 px。那么，如何能够让我们设计的视觉效果图在不同的屏幕中都可以正常显示呢？

### 7.4.1 像素的概念

屏幕是由很多正方形的像素点组成。各种手机设备的分辨率都是手机屏幕中所包含的实际像素数量。例如 750×1334px 的屏幕，就是由 750×1334 个像素点构成的，我们看到的屏幕成像画面就是由不同的像素点依次发光而形成的（图 7-33）。

图 7-33

此外，屏幕的物理尺寸和分辨率也不是绝对成比例的。例如，iPhone 3GS 的屏幕像素是 320×480px，iPhone 4s 的屏幕像素是 640×960px，然而两款手机都是 3.5 英寸的物理尺寸。在设计产品界面的时候，设计师往往要追求像素级别的完美，工程师也要通过像素来进行元素的定位。

## 7.4.2 像素密度及屏幕倍率

通过上文的介绍，我们可以发现，实际像素数量和屏幕的物理尺寸是没有直接关系的，那么在产品开发与设计的时候就需要通过一个桥梁能够让这两个指标连接在一起。这里就需要引入一个新的单位，也就是 PPI，它是 Pixels Per Inch 的缩写，我们通常称之为“像素密度”。PPI 具体是指一英寸屏幕中所包含的像素数量。“像素密度”的概念成为连接分辨率和物理尺寸的桥梁。也就是说，屏幕的“像素密度”是屏幕的物理尺寸以及分辨率共同决定的。例如，iPhone 3gs 和 iPhone 4s（图 7-34、7-35）。

图 7-34　iPhone 3gs

图 7-35　iPhone 4s

iPhone 3gs 的分辨率为 320×480px，其屏幕的物理尺寸为 3.5 英寸，而 iPhone 4s 的屏幕物理尺寸为 3.5 英寸，而分辨率成了 640×960px，比之前整整扩大 2 倍。同样都是 3.5 英寸的屏幕，可以明显的发现 iPhone 4s 的分辨率，也就是像素数量会更多，那么 iPhone 4s 屏幕的“像素密度”就会更大。那么，这会给屏幕带来哪些影响呢？如图 7-36 所示。

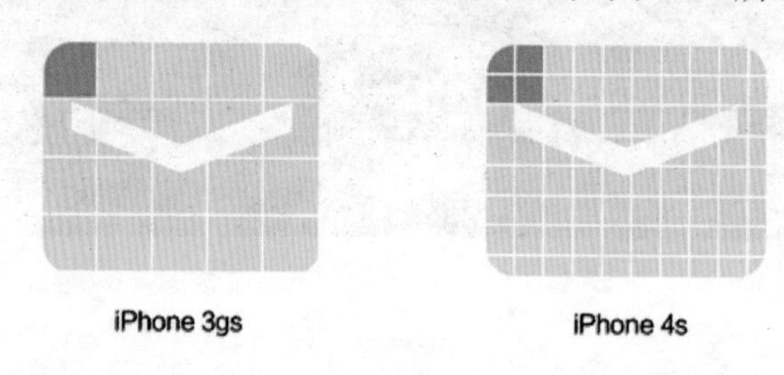


图 7-36

通过图 7-36 我们可以看到，对于 iPhone 4s 的 Retina 屏幕来说，在当前屏幕中所展示的每一个控件所需要的像素数量要比 iPhone 3gs 更多，所以 iPhone 4s 屏幕显示的清晰度也要比之前 iPhone 3GS 的屏幕要更清晰，视觉效果也会更好。

对于之前的 iPhone 3GS 来说，iOS 系统应用的切图输出物中，设计师会直接使用按照 320×480px 设计的效果图进行切图并使用。后来随着 Retina 屏幕的出现，设计师通常会在之前按照 iPhone 3GS 的分辨率进行设计的控件尺寸基础上乘以 2 得到可以在 Retina 屏幕中使用的切图输出物，其文件名有的后缀带@2x 的字样。所以，设计师需要按照不同的屏幕等级进行切图输出物尺寸的处理并且正确的命名。只需要把切图输出物准备好，在开发过程中，X-code 会自己判断调取相对应的切图使用，对于安卓系统的道理也是一样的。

所以，苹果以 iPhone 3GS 的普通屏为基准，为 Retina 屏定义了一个 2 倍的倍率，带有@2x 的切图现在覆盖了多数的苹果手机屏幕，例如 iPhone 4 系列，iPhone 5 系列，iPhone 6 系列和 iPhone 7 都使用 2 倍图来开发。对于 iPhone 6plus，iPhone 7plus，则需要使用带有@3x 后缀的切图，并且在之前的 2 倍切图的基础之上将其尺寸扩大 1.5 倍才可适配 iPhone 各种 plus 版本。

那么所看到的@2x，@3x 当中的 2 和 3 代表的就是当前屏幕的倍率，倍率是衡量屏幕等级中非常重要的标准，也是在适配过程中必须要研究的一个环节。

由于 iPhone 3GS 现在已经淘汰，所以设计师在针对 iOS 系统进行产品设计时，只需要处理两套切图即可，一套是 2 倍图，切图的命名后缀须加入@2x，一套是 3 倍图，切图的命名后缀须加入@3x，并且在之前 2 倍图的基础上扩大 1.5倍即可。

### 7.4.3 安卓的适配原则

对于安卓系统当中的屏幕适配其实道理和 iOS 系统相同，但是会更麻烦一些。由于安卓系统的开源特点，造成了市场中安卓的手机品牌和屏幕尺寸碎片化严重，其分辨率高低跨度非常大，从之前的 800×480px 再到现今的 2K 屏幕以及 4K 屏幕。针对这种情况，安卓把各种设备的按照像素密度的高低划成了几个范围，并且各个范围的设备屏幕也具备不同的屏幕倍率，来保证其显示效果能更加相近，方便设计师进行切图处理。其实当我们针对现有的安卓手机不同的屏幕等级处理出相对应的切图来进行适配，理论上就可以覆盖几乎全部的手机屏幕，以保证其开发后的显示效果（图 7-37）。

| 屏幕大小 | 低密度（120）idpi | 中等密度（160）mdpi | 高密度（240）hdpi |
| --- | --- | --- | --- |
| 小屏幕 | QVGA（240×320） | | 480×640 |
| 普通屏幕 | WQVGA400（240×400）<br>WQVGA432（240×432） | HVGA（320×480） | WVGA800（480×800）<br>WVGA854（480×854）600×1024 |
| 大屏幕 | WVGA800 *（480×800）<br>WVGA854 *（480×854） | WVGA800 *（480×800）<br>WVGA854 *（480×854）<br>600x1024 | |
| 超大屏幕 | 1024×600 | 1024×768 1280×768WXGA（1280×800） | 1536×1152 1920×1152 1920×1200 |

图 7-37

像素密度在 120 左右的屏幕属于 ldpi，160 左右的属于 mdpi，由此进行类推，所有的安卓屏幕等级都可以找到自己的位置，并且可以查询其相应的倍率来进行适配。

其相对应的屏幕倍率如下：

- ldpi 的倍率为 0.75 倍，已淘汰；
- mdpi 的倍率为 1 倍，以 320×480 分辨率为代表；
- hdpi 的倍率为 1.5 倍，以 480×800 分辨率为代表；
- xhdpi 的倍率为 2 倍，以 640×960 分辨率为代表；
- xxhdpi 的倍率为 3 倍，以 1080×1920 分辨率为代表；
- xxxhdpi 的倍率为 4 倍，以 2560×1440 分辨率为代表。

根据屏幕的倍率和等级，像素密度更高或者更低的设备，只需乘以相应的倍率，就能得到与基准倍率近似的显示效果（图 7-38）。

图 7-38

依照现有手机市场当中分辨率的市场占有率来看，主要以 xhdpi，xxhdpi，xxxhdpi 这三个屏幕等级为主，所以只需要重点关注这三个屏幕等级进行延展即可。

例如在 xhdpi 的屏幕等级中做了一个 50×50px 的图标，那么只需要在其基础上分别扩大 1.5 倍和 2 倍便可得到适配在 xxhdpi，xxxhdpi 的图标的具体尺寸。

而且，由于 iPhone 手机的 750×1334 的屏幕等级和安卓手机的 720×1280 的屏幕等级是一致的，所以按照 750×1334 进行设计之后的设计效果图可以直接使用到 720×1280 的设备中。

### 7.4.4 逻辑像素

在不同的屏幕等级面前，实际像素会显得非常不可靠。比如，当设计师在一个屏幕等级中设计了一款图标，那么很有可能按照这个图标的实际像素尺寸放到其他的屏幕等级中就会显得不合适。所以在开发的过程中，工程师需要寻求一个可以在各个不同屏幕等级中都能够恒定的单位，所以就出现了我们所提到的“逻辑像素”。

不难发现真正决定显示效果的其实是逻辑像素尺寸，在 iOS 和安卓系统中都定义了各自的逻辑像素单位。

iOS 系统当中逻辑像素的单位是 pt，安卓系统当中逻辑像素的单位是 dp，两者其实是一回事，只是在不同的平台中的称呼不同。

逻辑像素与实际像素之间的转化可以概括为：

实际像素=逻辑像素×倍率

所以，逻辑像素转化为实际像素主要是由屏幕等级相对应的倍率所决定的。我们可以来看一下各个不同屏幕等级的逻辑像素与实际像素之间的转化结果。

- mdpi 当中 1dp=1pt=1px；
- hdpi 当中 1dp=1pt=1.5px；
- xhdpi 当中 1dp=1pt=2px；
- xxhdpi 当中 1dp=1pt=3px；
- xxxhdpi 当中 1dp=1pt=4px。

所以，逻辑像素与实际像素之间的转化是由不同屏幕等级的倍率所决定的。例如：安卓最小的点击区域为 48×48dp，那么 在不同密度的屏幕中，其像素大小也不一样。

在 xhdpi 中的倍率是 2 倍，所以，在当前的屏幕等级中 1 个逻辑像素可以兑换 2 个实际像素，所以其实际像素为 96×96px。

在 xxhdpi 中的倍率是 3 倍，所以，在当前的屏幕等级中 1 个逻辑像素可以兑换 3 个实际像素，所以其实际像素为 144×144px。

无论是在规范性说明文档的制作还是与工程师进行日常沟通中最好都是使用单位为逻辑像素来展开，同时也是为了保证产品设计与开发的高效以及建立起设计师与工程师之间沟通的桥梁。

# 第 8 章

# 视觉设计师的扩展技能——手绘插画

## 8.1 手绘插画的世界

作为传统的绘画形式，手绘一直有着独特的魅力。擅长手绘的设计师不仅能够在设计的过程中快速捕捉心中所想的图形并准确描绘出来，还能在长期的手绘中提升自己对线条和色彩的理解，这些最原始的理解会像雨露滋养小草一样，润物细无声，但回头发现自己已经站在了更高的山峰。手绘是最自然的流露，相比用计算机合成的图片，它更真实，更能够直击心灵。

现代的设计师越来越多的通过手绘板与传统的绘画方式结合，将作品运用到视觉设计的各个方面，其主要表现方式有插画与原画。

### 8.1.1 关于插画

作为视觉传达的一种表现形式，插画一直是很多设计师的偏爱，尤其在儿童类视觉设计中插画可谓有着得天独厚的优势。插画的表现方式自由，画面往往极富冲击力与表现力，能快速抓住观者眼球又不失美感。

插画师们一般都有着很强的个人风格，或艳丽或肃穆或简洁或繁杂，总之百花齐放。由于表现方式更加灵活自由，所以创作者们永远不满足现有的表现方式，总会努力挖掘绘图软件的潜力，来达到想要的效果（图 8-1）。

图 8-1

1. 基础

很多人认为插画风格另类，有些甚至毫无章法只是单纯的好看，就觉得插画其实不需要基础也可以画好。这样的观点对于初学者来说是危险的。美术的基础就是我们画插画的根基，对一张作品的认识高度是由个人的美术基础所决定，对绘画的认识的重要性其实就像是在迷宫中的地图，在大海中的灯塔一样重要，让我们在绘画中碰见各种疑惑后能通过之前所学到的基础、依据去解决问题。基础是学不完的，这点一定要反复强调，因为基本功的扎实程度才是决定你能走多远的关键（图 8-2）。

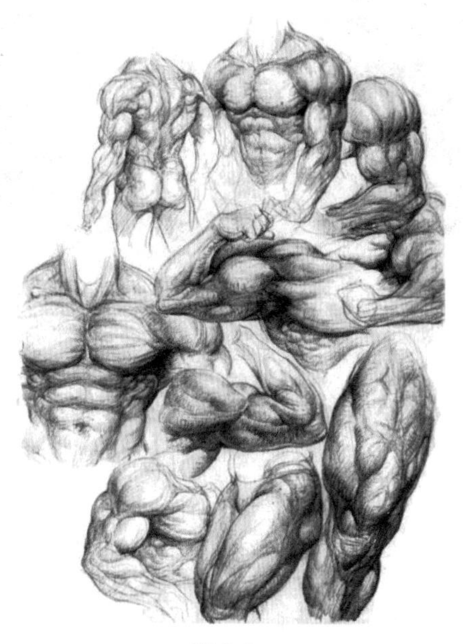

图 8-2

### 2. 风格

风格其实是插画师们通过一点点积累，在绘画的过程中慢慢找到自己最擅长，最喜爱的表现方式，从而一步步确立，一步步完善起来的。风格是不可能一步到位的，那些大师往往一辈子都在不停的尝试各种风格，固定的风格其实更多是工作的需要，多尝试不同的风格才能发现自己的闪光点与不足，而无论什么风格，都是以基础为支撑的。

### 3. 临摹

绘画的初学者是避不开临摹的，临摹不是照着别人的画再画一次，而是将别人已有经验拿来学习借鉴。学习别人的构图，学习别人的配色，学习别人的笔触或排线，这是手绘插画水平进步的关键。很多人不屑于临摹，觉得临摹是低端的，会阻碍自己的创造力，其实不然。首先，临摹与否都是学习的一部分，只要是在训练，意义全都在于过程中是否带着解决问题的目的去进行。临摹是学习别人如何解决问题的过程，自己画则是自己去寻找解决问题的途径，两者都是学习。欧洲绘画的传统和传承为什么从未断过？就是因为临摹式的学习是他们的传统。

## 8.1.2 游戏 UI 的重要性

互联网的快速发展让 UI 已经无孔不入了，游戏行业当然也不例外。而且游戏 UI 风格越来越多样化，精美的程度也越来越高。当然游戏 UI 的起初阶段其实也是有过曲折，早期人们并不太重视 UI 在游戏中的地位，甚至很长的时间里都没有专门的游戏 UI 设计师，大多都是程序员自己或者一些奇奇怪怪的人做的（图 8-3）。

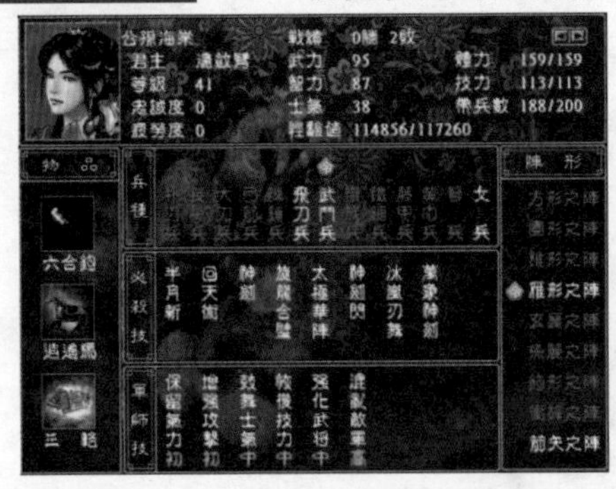

图 8-3

随着游戏产业高速增长，大量的游戏产品井喷式爆发，人们的口味也变得越来越挑剔。所以对游戏质量的要求也就高了，UI 就不得不引起人们重视了。毕竟 UI 是用户直接可以看到地方，大多数玩家都是先看游戏画面的。那么什么是游戏 UI？制作游戏 UI 又有那些要求？一个个精致的游戏 UI 是如何一步步从无到有做出来的？

## 8.2 游戏 UI 设计

简单地说游戏 UI 是边框、按钮、图标之类的是很片面的，因为 UI 离不开交互，游戏 UI 也是，其实在设计之初首先去思考的也应是如何让玩家使用会更加顺手，更加简单直观，毕竟没有人愿意看见自己的游戏界面跟电路图一样复杂。当然一些游戏公司可能在版式的排列与交互方面涉及较少，但是设计的 UI 中的识别性与风格的统一性等因素就需要游戏 UI 设计师去进行把控了。所以这么看来游戏 UI 就是负责帮助玩家与游戏之间进行交互的地方，还需根据游戏的需求进行美化。

### 8.2.1 游戏 UI 的概念

图标：游戏的 ICON（图形标志），游戏中所使用的道具的图片、技能的图片、一些徽章等都属于图标，这些图标一般都是用手绘板绘制，制作的过程往往与传统绘画类似。道具往往造型明显，而徽章往往细节较多，层次分明，有很强的设计感与质感（图 8-4）。

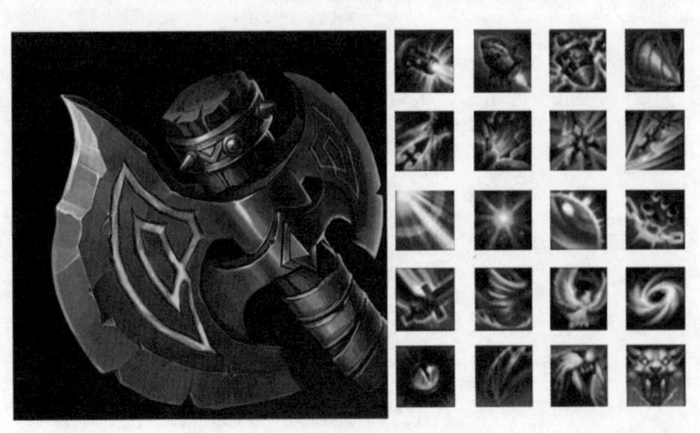

图 8-4

边框和按钮，是经常跟玩家“打交道”的一部分，往往比较严谨整洁，但并不单调。经常用金属、木头、水晶等材质来表现，当然一般会根据项目的需求出现一些按钮需要有选中、摁下、正常、解锁等效果的制作，制作时往往在原有图标的基础之上对色彩饱和、明度等进行调节（图 8-5）。

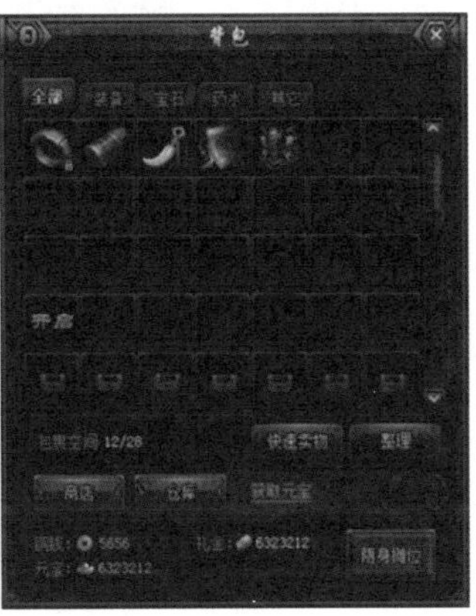


图 8-5

LOGO：是游戏的招牌。往往造型会夸张一些，字体会有较大的变形，一般都配有精致的边框或者底衬再适当加一些魔法效果，为的就是突出“炫”。游戏的 LOGO 设计一般都是资深设计师完成，毕竟是很重要的任务，所以要求也相当苛刻，完成度相对很高（图 8-6）。

图 8-6

## 8.2.2 绘制游戏 UI 的要求

如今随着游戏的质量越来越高，种类越来越繁多，风格也越来越多样，所以对 UI 的要求会越来越苛刻。

1. 精致度

这是一个非常重要的也是基本的要求，毕竟游戏 UI 是直接呈现给玩家的部分，所以一款游戏的制作水平很大程度上取决于游戏画面的精致程度。所以设计者们往往会花费大量的时间与精力在后期去完善自己的作品，争取处理好每一个细节。精致的细节不仅考验着设计者的功力，也考验着设计者的毅力。因为很多初学者容易虎头蛇尾或者画到一定程度就不知道该如何进行下去了，所以作画过程应保持平心静气，避免浮躁，不断去强化自己的绘画能力。当然，强大的绘画能力是以强大的整体把控能力为前提的，不是所有的地方都要画完整，有时候一些次要的地方应故意处理弱一些，以强化主体部分（图 8-7）。

图 8-7　懂得繁简对比会让画面更加生动

2. 辨识度

将文字化的内容图形化是 UI 设计经常做的事情，无非是让画面达到更加直观与美观的目的。所以要注意这个工作不能与这些最初的目的背道而驰。那么这些放到游戏设计中如何解释呢？比如制作一个道具宝剑，需求中给设计师去放置这个道具的尺寸是十分有限的，如何能在很小的框中明显看出所绘制的是什么，就考验到设计师的功力了。所以设计师经常得适当地概括造型，并用加强明暗对比，让主体与背景更加区分开等方式来让观者一目了然，并且需要避免一些图标过于相似，不然会容易让玩家点错（图 8-8）。

图 8-8　不同尺寸中确保绘制的内容清晰易辨

### 3. 构图

这里单独拿来说是因为初学者太容易在这个问题上犯错误。在绘制的开始，就应该考虑构图，因为绘制的道具或者技能都是放在规定的框中，所以太大、太小、太偏，都要避免。并且在做一些边框按钮的时候，对对齐，尺寸的统一与位置摆放统一性的考虑要变成一种本能，不能有任何马虎。这样，界面才会看起来整齐并有理有据（如图 8-9）。

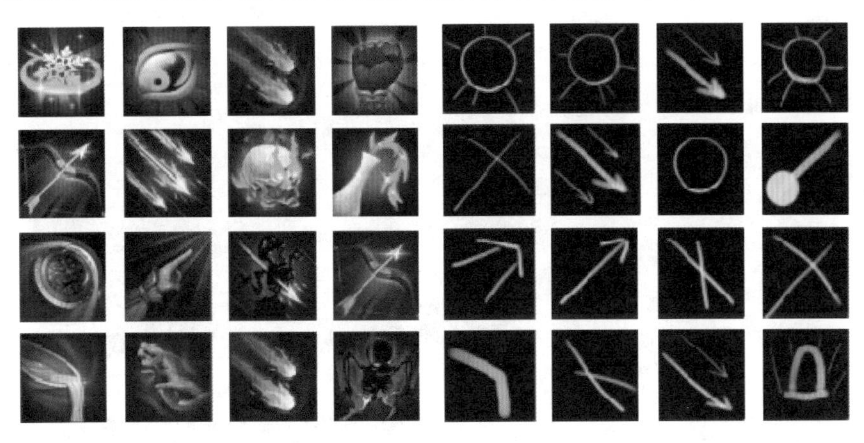

图 8-9　技能图标在构图中的体现

### 4. 风格

游戏风格的种类非常多，很多时候的区别又非常微妙，不易把控。听到最难回答的问题就是，这是什么风格？其实游戏的风格有时候真的不是用语言能描述准确的，更多是一种主观感受。现在的游戏经常会将很多元素混到一个世界观里，不仅会有非常浓郁的色彩，也会出现极为复杂的细节，只能很笼统地划分成写实、Q 版、欧美、中国、古代、现代等，比如说《梦幻西游》属于 Q 版仙侠中国风格，那么《CF》就属于现代写实类，但像《魔兽世界》你就很难说出它是写实还是卡通，因为两者的特点它都有。在设计时如果想做出规定项目的风格，不妨试试观察下面几点：

a）线稿。这是一个很明显的特点，不仅要确定有无线稿，还要去观察线稿的粗细，粗细有无变化，有无颜色等。往往卡通风格的游戏会保留线稿，写实风格则没有或者不明显（如图 8-10）。

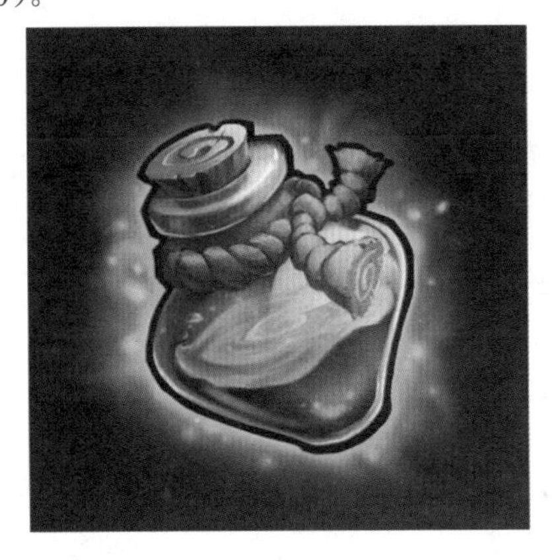

图 8-10

b）色彩。不同游戏中色彩饱和度是不同的，有的游戏看起来色彩明快，有的看起来阴郁，有的看起来温暖，有的看起来阴冷。如图 8-11 左上的《RUBBER TACOS》是一款适合儿童玩的游戏，所以整个画面看起来色彩饱和度比较高，颜色比较丰富，加上可爱简化的造型十分讨孩子们的喜爱。图 8-11 右上的《太鼓达人》是一款适合年轻人玩的休闲类游戏，整个画面也用了比较高的饱和度与比较暖的颜色来突出轻松欢乐与热烈的气氛，让人感觉可以通过这个游戏放松心情。图 8-11 左下的《TEMPLE OF GLORY》的颜色饱和度低一些，各种颜色的搭配也更加柔和，看起来比较成熟沉稳、适合年轻人但游戏气氛偏严肃的游戏。图 8-11 右下的《血源诅咒》的色彩饱和度更低，颜色更贴近真实，是一款比较偏写实类、暗黑类的游戏，偏暗偏冷的色调会让人有些看不清的感觉，从而加强玩家的恐惧感，也渲染了一种危机四伏的感觉。所以说不同的色彩搭配会给人不同的感觉。

图 8-11

c）比例，或者说是夸张度。可以类比成角色中的头身比，比如三头身就会显得很 Q，如《超级马里奥》《部落冲突》《植物大战僵尸》，八头身就会显得很写实，如说《GTA5》《洛奇英雄传》《暗黑之魂系列》。换到游戏 UI 中的道具中也是，往往越是夸张的风格，他们的比例都会显得很夸张。越是写实的风格，他们的比例越是靠近现实的比例（图 8-12）。

图 8-12

d）精度，或者复杂程度。往往越是写实，所绘制的细节会相对越多，比如《战神系列》《使命召唤系列》。越是简单，所绘制的细节越是概括，比如《愤怒的小鸟》《艾尔之光》，绘制的精致度与复杂程度不同所体现的风格也不相同。当然还有很多细节，比如年代，是否存在魔法，线条软硬等。（图 8-13、8-14）。

图 8-13

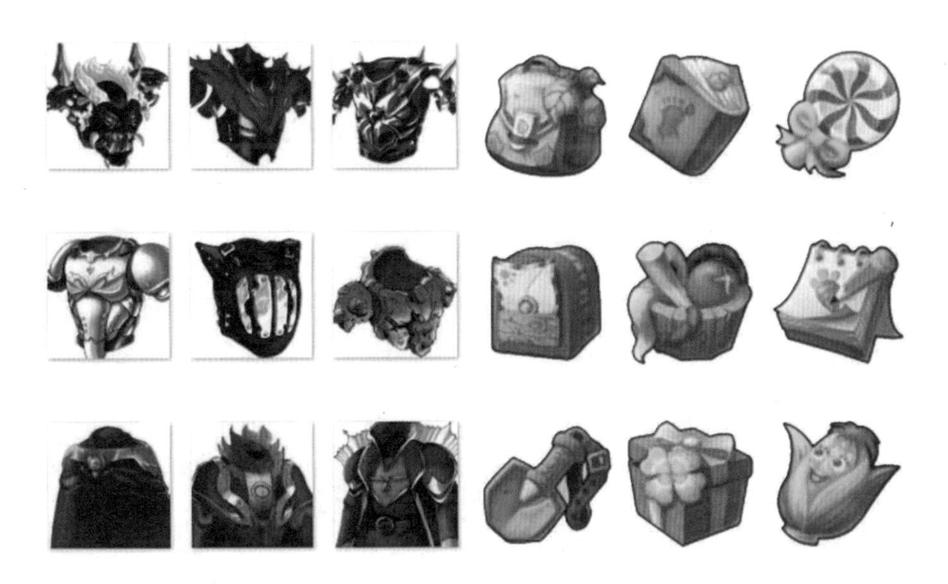

图 8-14

# 8.3 手绘插画设计游戏 UI

## 8.3.1 绘制游戏 UI 的工具

1. 传统绘画工具

传统绘画是很重要的绘画工具，其绘制过程一般是在本子上画出其线稿，再将线稿扫描，或者拍照的方式导入计算机中，进行提线以及下一步的绘制。

2. 数字绘画工具

就是手绘板了，那么什么是手绘板？其实就是模拟了人们在本子上用铅笔绘画的感觉，让人们在使用的过程中能够运用手写笔的轻重缓急来较真实的呈现出他们想要的效果。可在红色选框区域内选择合适的笔刷（图 8-15）。

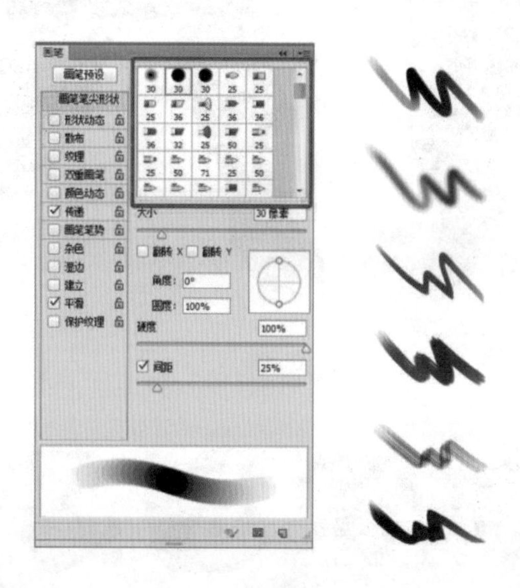

图 8-15

手绘板的缺点在于需要通过一些时间来进行磨合、适应，而且携带不方便。但优点就多了，比如结合强大的 PS 技术将涂改变得极为便捷，并且灵活运用 PS 的各种工具能做出很多意想不到的效果。而且不会在涂改的过程中让画面变得脏乱不堪。还有就是色彩的选择和使用变得相当直观，一般直接选择适当的颜色即可省去考虑色彩如何调和的过程（但懂得如何调和色彩对于学习任何形式的美术都是必须掌握的基础）。还有就是手绘板是绘制到电脑中的，最终导成什么样的格式都可以，而传统纸上的绘制想要导入电脑则需要通过扫描或者拍照来完成。

但并不是说明在纸上绘制就是一无是处了，其实很多 PS 绘画的大神依然保持在纸上绘画的习惯，因为随时都能掏出本和笔进行练习，并且使用这种原始的笔和纸来捕捉自己丰富的想象力的方式还是让很多设计师收益匪浅的。

## 8.3.2 游戏 UI 的绘制方法以及案例分享

### 1. 宝剑案例

① 草图：当拿到一个任务，首先想到的就是需要把它画成什么样子，这时就需要去找大量的参考进行观察分析。关于造型可以从剪影出发，注意疏密，轻重，避免太多重复，要讲究高中有低，低中有高，高低错落的感觉。草图阶段其实不用考虑太多细节，要整体把控大的关系，比如长宽比，块面的大小比等。

② 线稿：是一幅作品从无到有的开始，它的虚实有度，疏密深浅，张弛有度让画面一点点活了起来。有个良好的线稿就能成功一半，所以对于初学者来说在线稿阶段要尽量的把线稿绘制到位，不要着急进入下一阶段。好的线稿不仅能够体现出物体的造型，甚至能表现出物体的体积、明暗、光感和质感。所以线条的练习对于每一位设计者来说是长期且必须的训练项目。那么什么样的线是我们所追求的呢？

一般画线条肯定要流畅，线稿阶段要心平气和，并将所想要的造型构思清楚，避免急躁和犹豫不决。还要避免画线时一样的粗从而缺少虚实的变化。一般可以用很轻的笔触先画出大的框架，确定了基本的长宽比、斜度等，再用稍肯定的线进行更具体的绘制。绘制过程中注意多多观察，多多比较，造型能力的提升是长期的，一定不要短期觉得画不好而灰心，只要坚持练习就会发现自己的进步。

用线稿开始绘制是一个很好的绘画方式。当然也有不少设计者习惯用色块开始绘制，也有边线稿边色块同时开始绘制，其实都没有问题。只是直接用色块开始的设计者往往经过了大量的线稿练习。但初学者的话还是建议从线稿开始比较好，一方面能够练习自己的线条绘制能力，另一方面也能提升自己对造型的理解能力。

草图完成后可以用橡皮擦淡或者是降低该图层的透明度，再提一次线稿，这次会更加准确，更加流畅些。多余的线可以用橡皮擦掉，一些转折的部分可以处理的相对实一些，一些平缓的线可以处理的虚一些，但要注意线与线之间的闭合问题，不要画的线稿都是断断续续的。

总之，线稿阶段也是整个绘画的基础阶段，所以多花一些时间会让之后的绘制少走一些弯路（图 8-16）。

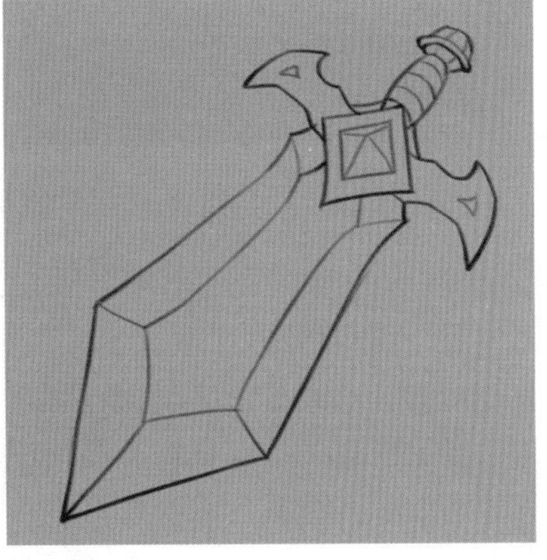

图 8-16

③ 上色：当线稿完成后就要考虑上色了。首先是颜色的选择，如果心中并没有很明确的答案可以考虑去找找参考（在工作过程中一定要学会找参考，多去观察多去分析，达到为我所用并能今后掌握的效果）。之后，把选好的颜色小心翼翼的铺在之前绘制的线稿中。注意边缘处保持干净，不要超出来，也别漏涂。在涂的过程中可以尽量平涂实一些（方便之后的选区，〈Alt〉+右击图层就能选中想绘制地方）。还有就是要注意分好图层，跟线稿图层分开来画以方便之后的修改。有必要的话也可以将线稿着色，着色后的线稿看起来不会显得那么脏。

上色在平涂阶段不用考虑太多，只要注意边缘整齐就好，即使颜色有偏差也不用担心，凭借 PS 强大的功能，调整颜色还是很方便的（〈Ctrl+U〉〈Ctrl+B〉都能解决）（图 8-17）。

图 8-17

④ 明暗：前面的阶段是单纯标出了所绘制的一个基本色也称固有色，但并没有具体的体积感更不要说是质感了。那么接下来就看看如何把体积感做出来。

在想让物体立体起来之前要预设一个光源。选择一个合适的位置并且设置一个光源的颜色（一般都是偏白的冷光或者暖光），并且设想一下光源的强弱。当确定了光源之后就有了判断亮灰暗的前提。

一个物体想表现出它的体积感，那么三大面五大调缺一不可。所以在绘制的时候时刻审视一下自己的作品这些调子是否存在，而且对于灰度的把控需要大量而长期的练习。根据造型与光源标出大的亮灰暗关系，并完善（图 8-18）。

图 8-18

⑤ 细化：当基本的明暗关系出来以后就该做进一步的刻画了。细化也是由浅到深的过程，所以尽量不要一开始细化就抓住一个点无限细化下去，而全然不顾四周什么都还没有呢。这样做很有可能一开始把所有的激情倾注到一个点上，回过头来发现，其他地方都没画，于是瞬间觉得工程浩大，没有信心继续深入了。而且还可能会因为只是在局部的绘制，没有观察整体的感觉，所以就会出现许许多多的问题，比如忘了整体光源造成整个画面没有一个统一的光源，还有透视没有整体去考虑可能就会发生矛盾空间的感觉，再有就是亮灰暗的关系可能也不统一，走形、色彩关系混乱、疏密不得当等问题。

所以绘画尽量整体出发，一开始还是不要把东西画的太“明确”，可能一些不确定的笔触会带来一些更好的灵感。刻画前期尽量保留一些余地，这样在最后点睛之笔中把一些关键地方加强对比或者提出高光会相对容易，也更能突出视觉中心。

### 2. 需要处理的细节

① 进一步的明确面与面之间的关系，就是之前可能模棱两可的面需要做明确。比如说转折锋利的面可能就需要在明暗交界线的位置进行加强，转折比较光滑的面的转折可能我们就需要把这个对比减弱。这样做会强化我们所绘制的物体的体积感。

② 调整整体亮灰暗的关系，在这里需要注意的就是光源的强弱问题了。如果是强光照射，可能我们就需要提亮整体明度，如果是在弱光比如阴天，就需要减弱大的效果中亮灰暗的对比了。

③ 调整色彩关系或者添加色彩关系，想拉开整个物体的空间感时，就要想办法去将前后上下的位置做出不同来。那么除了亮灰暗的不同可以拉开空间关系，颜色也是拉开空间关系的利器，很常见的就是用冷暖来进行拉开关系。亮部偏冷，暗部偏暖，或者暗部偏暖，亮部偏冷。

④ 材质的表现，不同材质给人的主观感受是不同的，比如晶体的通透感，往往会有比较高亮的透光。石头的粗糙感，会出现很多颗粒的感觉和坑坑洼洼的感觉。金属的坚硬感，会出现锋利的转折面，强烈的高光等。这需要我们通过大量观察并总结才能将物体的材质做到真实。

⑤ 添加新的光源，比如背光，环境光等。背光可以让整个画面色彩更加丰富，巧妙地利用冷暖关系选择背光的颜色还能进一步拉开整个画面的空间效果。环境光能够更直观的体现不同物体之间的联系。

⑥ 添加一些小细节，比如刻痕，斑点之类的，不仅能够丰富画面，在适当的位置添加还可以起到疏密有致的效果，也能提升整体的质感。

⑦ 适当的添加一些魔法效果或者光效。刻画细节添加背景光，调整大的明暗、色彩的变化、强化材质等（图 8-19）。

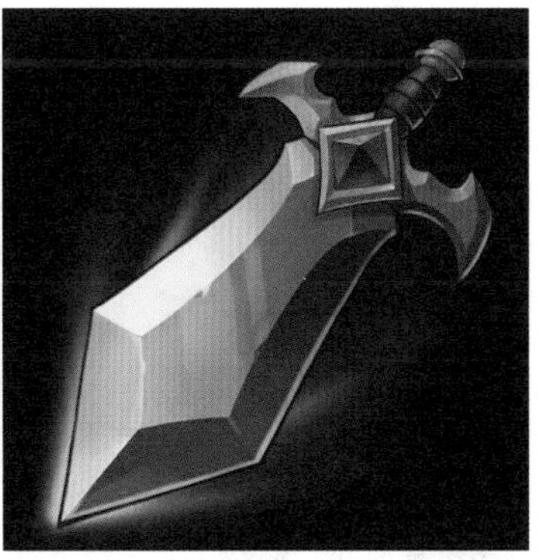

图 8-19

### 3. 石头案例

石头的绘制相对简单，对造型要求不会太高，只要注意外形好看就行。它的明暗关系比较好理解，比较适合新人练习上色。

① 草图阶段构思出想要的造型，可以不用在意细枝末节的地方，只要大的剪影关系舒服就行（图 8-20）。

② 把绘制好的造型进一步的确定，给出更多的细节与块面的转折（图 8-21）。

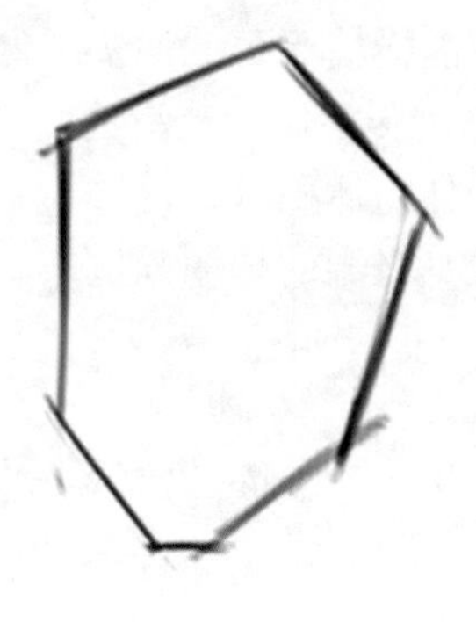

图 8-20

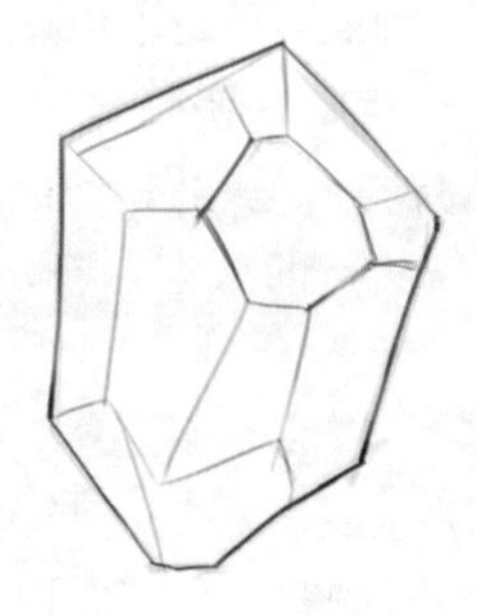

图 8-21

③ 选择一个固有色把石头的整个块面铺上（图 8-22）。

④ 根据亮灰暗关系与块面的转折铺出石头的体积感（图 8-23）。

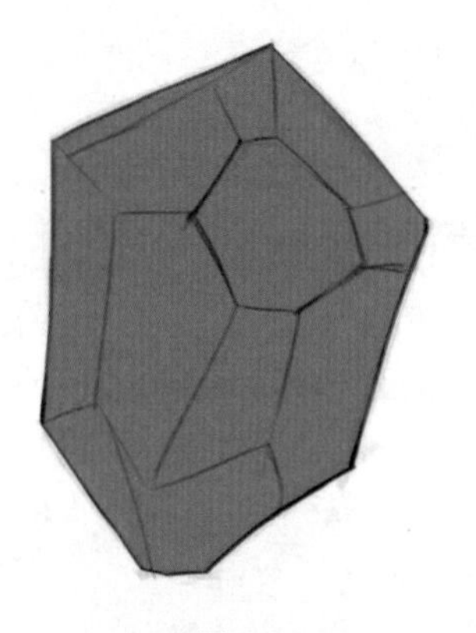

图 8-22

图 8-23

⑤ 增加一些细节强化石头的材质与精细程度（图 8-24）。

⑥ 增加一些光效，添加背景光与环境光（图 8-25）。

图 8-24

图 8-25

结语：作为原画设计者，需要不断磨练自己的手绘能力，只有把基础夯实才能让之后的路走得更加平稳。其中最大的乐趣就是将脑海中存在的一丝丝想象，一点点，一步步地完善，最终在一张白纸上完美呈现出来。这个过程中的喜悦是无可比拟的，但道路也走得很艰辛。这之间有成就感，有挫败感，甚至会怀疑自己，但又最终会下定决心。所以美术创作也丰富了设计师的人生经历，并呈现出一幅幅闪闪发光的作品。

# 后　　记

本书主要给大家介绍关于视觉设计在界面中的运用方式和方法，主要是针对广大刚刚入行的视觉设计师，而提供的一套在团队协作中总结出的方法论，希望能够切实的帮助到各位设计师以及设计爱好者。

其实，设计本身便是解决问题的过程，所以在学习和从事设计相关岗位的时候，最重要的还是要通过不断的学习与工作去总结，去思考，甚至去研究每一个像素中包含的颜色，每一个字体间距的考究，可谓是“失之毫厘，差之千里”。自从互联网诞生以来，对于互联网的界面视觉设计其实就是不断地追求像素级别的完美。细致与规范是设计师首先要具备的硬性条件，正是由于规范性的束缚，才产生了界面视觉设计这种独特的“美”。

思考和总结，总是会给人带来意想不到的收获，想做到这一点却实则不易。需要从业者能够更加热爱设计这个行业，能够真正放空自己的内心去设计。我在团队中经常会听到的一句话那就是“戒骄戒躁”，只有更加专注才能够静下内心去思考问题，对于设计更是如此。设计是无形的，其实设计也是有形的，那么这个过程只有经过反复的尝试与思考之后才能发现其变化的真谛，这也是设计最迷人，最值得考究的地方。

真正的设计与创新，并不仅仅是一个看似“从无到有”的过程。更多时候，是靠设计师的思考与不断的探究，一步一个脚印，从抽象到具象，从量变到质变的过程。

设计更多是从一个恰逢其时的“idea”到最终的产品能够落地，是一个把从抽象的，无形的想法通过各种科学的方法论以及设计思维将其一步一步的具象化、可视化，就拿 UI 设计为例，突破其表面的视觉界面，其背后是靠着对于用户的不断研究，对于需求与痛点不断满足而支撑的。服务与用户才是其产品最终的灵魂，即使是作为一名视觉设计师，也因该明白这个道理，视觉设计只是用户需求和产品特点最终的呈现效果，是整个设计流程中最表象的一个环节。

国内很多的设计从业者进到 UI 设计这个行业，单单是以视觉设计为跳板来完成入行，甚至会单纯地认为设计其实就是把图做好这么简单。出现这样的问题其实还是源于自己对于所从事行业的思考不够深入，在进入瓶颈期时也无法给予自己一个正确的解决方法，而这种现象是现在国内设计行业普遍存在的问题。缺乏思考与深入的技术挖掘，是造成现在设计行业如此浮躁的重要原因之一，也极大的降低了设计从业的行业门槛，这是我们所最不愿意看到的。

对于任何行业，对于资深从业者的需求从未停止过，设计亦然。所以，希望各位设计从业者能够更加专注于设计本身，去除杂念，多去思考和探究每一个值得思考的问题、细节、线条、文字、配色的表现方式以及其背后目的。当遇到瓶颈和挫折时，问问自己当时为什么选择，即所谓的“不忘初心”，才可“方得始终”。

互联网的发展从之前的传统互联网，再到现在的移动互联，在未来甚至会发展为以虚拟技术为主导的互联网承载方式，每一个时代的到来都会成就一批“新事物”，而淘汰过时的。

所以，作为一名互联网的从业者，不管是身处什么职位，什么角色，不进步就意味淘汰。对于设计师来讲，同样如此，需要让自己在技能的广度和深度上同时发掘，成为一名全栈的“T”字型人才，这也是本书想要传达的意图。

我们所身处的世界和周围事物本就是一个充满矛盾的环境，说到设计本身，也是一个明显的“悖论”，需要设计师在各种所谓的“束缚”中寻求最优的结果，对于产品，需要在用户需求、功能表现、视觉效果以及开发成本之间寻求平衡点，对于界面，设计师也要去平衡规范性与艺术表现，说得再细一些，文字的大与小，线条的粗与细，图片的明与暗都是每一位视觉设计师需要平衡的设计元素。设计师本身就需要游走于这些矛盾体之间，并且不断地思考与总结，而这也正是衡量一个设计师价值的核心。

我们正处于设计最好的时代，应该感谢移动互联，在优化生活方式的同时，也将“人”与“需求”的高度更加提升。在移动互联的时代，“人性”得到了空前的满足与尊重，也给予互联网从业者更多的机会与挑战。感谢现有的团队，是设计让我们凝聚在一起，也是设计让我们能够在享受快乐与挑战的同时，沉淀下来这份收获分享给更多的喜爱设计的人，这也正是迎合了互联网最本质的含义，那就是“分享”。

最后，我愿与每一位移动互联的从业者能够并肩前行，不断的锤炼自我。在共同见证移动互联发展的同时，也能够一同为移动互联设计继续贡献自己的力量。

只因一句“但行好事，莫问前程”

Lucas han

于山西太原